はじめに（保護者

この本は，小学２年生の算数を勉強しながら，プログラ… …る問題集です。

小学校ではこれから，算数や理科などの既存の教科それ… …，プログラミングという新しい学びが取り入れられていきます。この目的として，教科をより深く理解することや，思考力を育てることなどがいわれています。

この本を通じて，算数の知識を深めると同時に，情報や手順を正しく読み解く力（＝読む力）や手順を論理立てて考える力（＝思考力）をのばしてほしいと思います。

この本の特長と使い方

- 算数の理解を深めながら，プログラミング的思考を学べる問題集です。
- 別冊解答には，問題の答えだけでなく，問題の解説や解くためのポイントも載せています。

単元の学習ページです。
計算から文章題まで，単元の内容をしっかり学習しましょう。

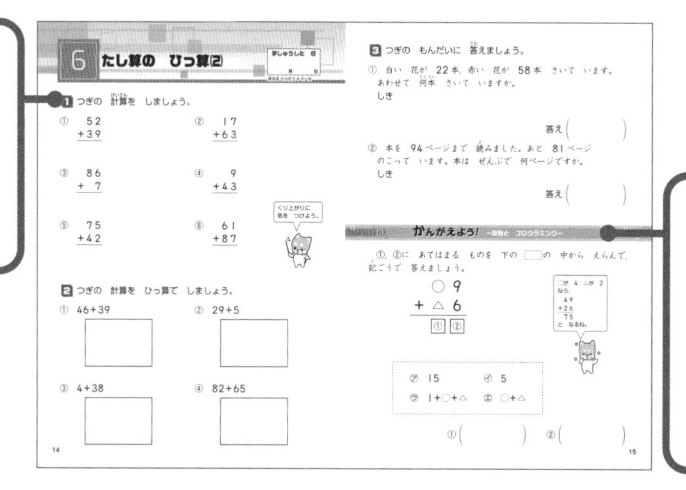

かんがえよう！ は，ここまでで学習してきたことを活かして解く問題です。
算数の問題を解きながら，プログラミング的思考にふれます。

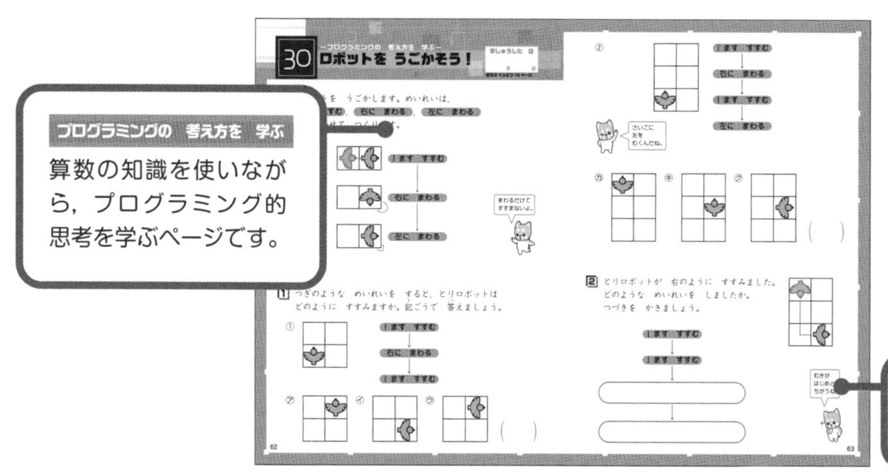

プログラミングの 考え方を 学ぶ

算数の知識を使いながら，プログラミング的思考を学ぶページです。

チャ太郎のヒントも参考にしましょう。

もくじ

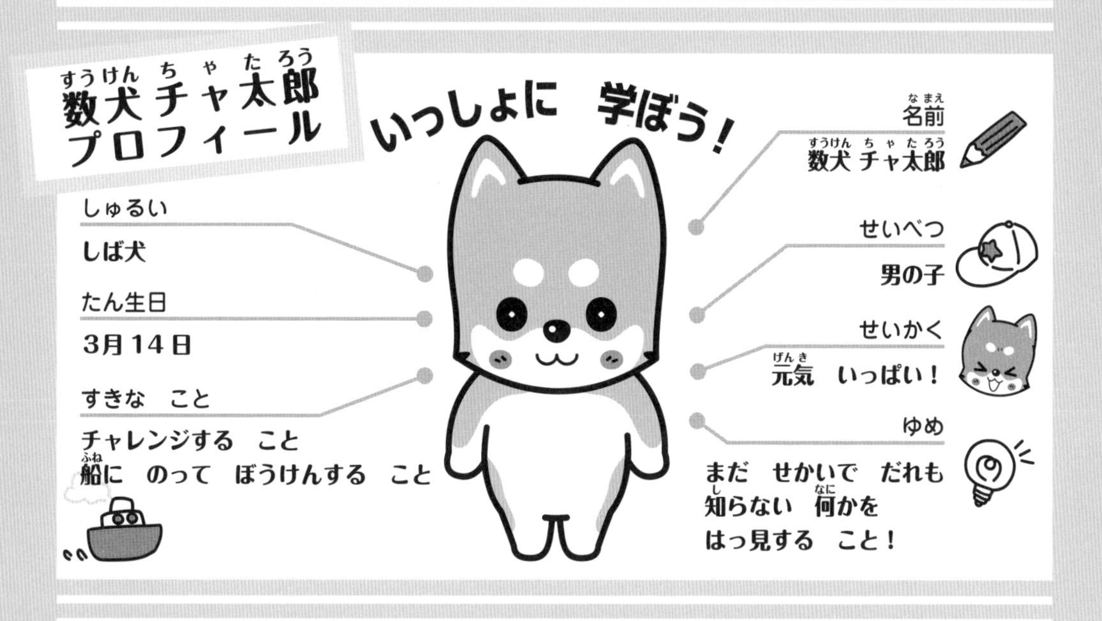

数犬チャ太郎プロフィール
いっしょに　学ぼう！
しゅるい
しば犬
たん生日
3月14日
すきな　こと
チャレンジする　こと
船に　のって　ぼうけんする　こと
名前
数犬　チャ太郎
せいべつ
男の子
せいかく
元気　いっぱい！
ゆめ
まだ　せかいで　だれも
知らない　何かを
はっ見する　こと！

1 ひょうと　グラフ

学しゅうした　日
月　　日

答えは べっさつ 2 ページ

1 まゆみさんの　クラスで　4 しゅるいの　野(や)さいの　うち，どれが　いちばん　すきかを　しらべて，ひょうに　書(か)きました。

すきな　野さい

野さい	トマト	キャベツ	にんじん	なす
人数(にんずう)(人)	8	6	5	7

① それぞれの　野さいが　すきな　人の　数(かず)を，◯を　つかって，右の　グラフに　あらわしましょう。

② すきな　人が　いちばん　多(おお)い　野さいは　何(なん)ですか。

（　　　　　）

③ すきな　人が　2 ばんめに　多い　野さいは　何ですか。

（　　　　　）

④ キャベツと　にんじんでは，どちらが　何人　多いですか。

（　　　　　が　　　　人　多い。）

すきな　野さい

トマト	キャベツ	にんじん	なす

グラフに　あらわすと，数が　くらべやすいね。

かんがえよう！ ー算数と　プログラミングー

①，②に　あてはまる　ものを　下の　[ ]の　中から　えらんで，記ごうで　答えましょう。

下のように　みかんと　りんごが　あります。

これを　つぎのように　分けて　いきます。

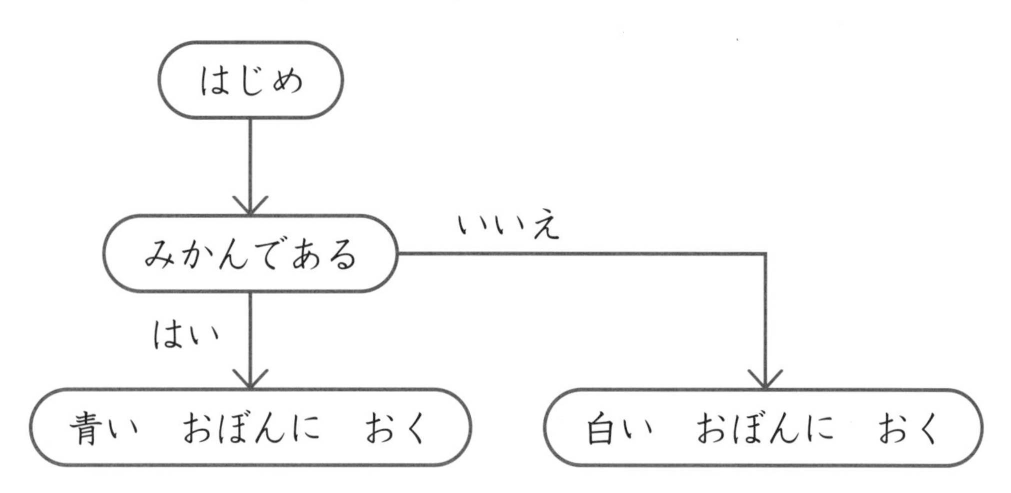

・青い　おぼんには　みかんが　[①]つ　のります。

・白い　おぼんには　りんごが　[②]つ　のります。

㋐ 6　㋑ 5　㋒ 4　㋓ 3

①（　　　　）　②（　　　　）

2 時こくと　時間

学しゅうした　日
月　　日

答えは べっさつ 2 ページ

1 何時何分ですか。午前，午後を　つけて　答えましょう。

①

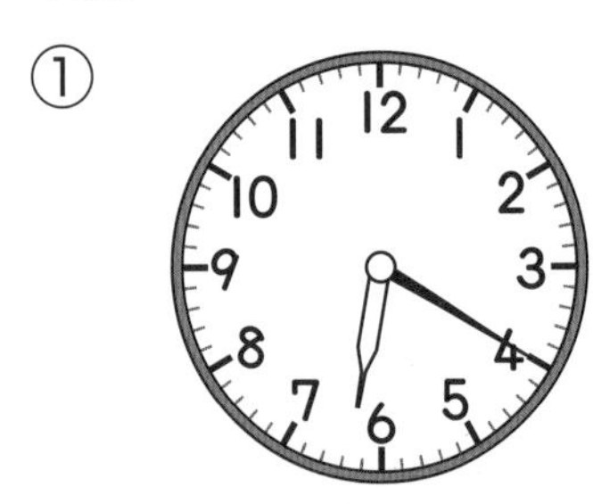

朝　おきる。

（　　　　　）

②

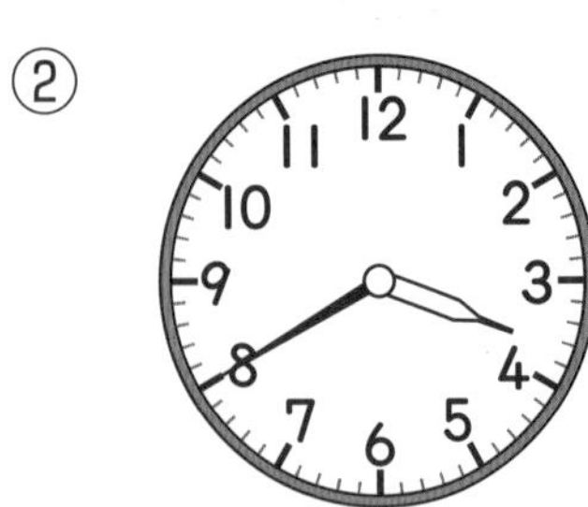

学校の　あと，
友だちと　あそぶ。

（　　　　　）

③

夜　ねる。

（　　　　　）

2 つぎの □ に　あてはまる　数を　書きましょう。

① 午前，午後は，それぞれ  時間です。

② 1日は  時間です。

③ 1時間 20 分＝□分

④ 110 分＝□時間□分

3 つぎの　時こくや　時間を　書きましょう。

① 午前 11 時から　3 時間 45 分　たった　時こく

（　　　　　　　）

② 午前 8 時から　午後 5 時までの　時間

（　　　　　　　）

③ 午後 2 時 5 分から　午後 10 時までの　時間

（　　　　　　　）

かんがえよう！ ―算数と　プログラミング―

①，②に　あてはまる　ものを　下の　[　　]の　中から　えらんで，記（き）ごうで　答えましょう。

いま，10時45分です。つぎのように　時計（とけい）の　はりを　すすめると，どの　時計に　なりますか。

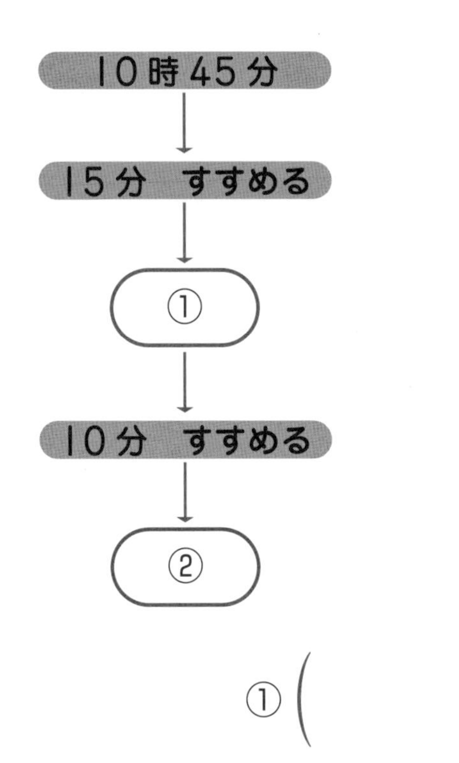

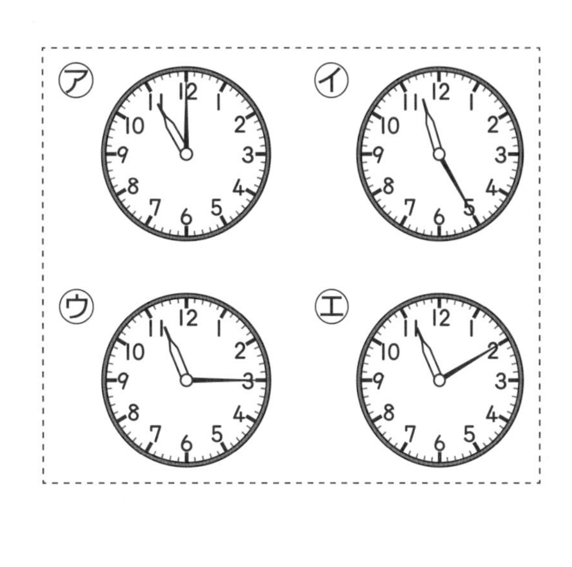

①（　　　　　）　②（　　　　　）

3 たし算の　ひっ算(1)

学しゅうした　日

月　　日

答えは べっさつ３ページ

1 つぎの　計算(けいさん)を　しましょう。

① $\begin{array}{r} 16 \\ +23 \\ \hline \end{array}$

② $\begin{array}{r} 32 \\ +46 \\ \hline \end{array}$

③ $\begin{array}{r} 61 \\ +18 \\ \hline \end{array}$

④ $\begin{array}{r} 92 \\ +\ \ 3 \\ \hline \end{array}$

⑤ $\begin{array}{r} 5 \\ +23 \\ \hline \end{array}$

⑥ $\begin{array}{r} 40 \\ +\ \ 7 \\ \hline \end{array}$

2 つぎの　計算を　ひっ算で　しましょう。

① 14+53

② 62+34

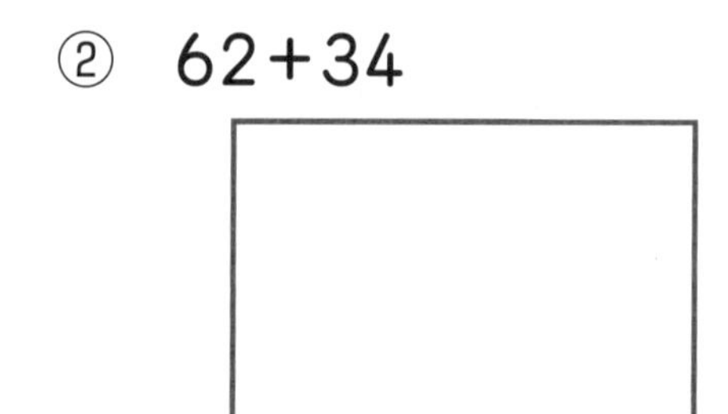

③ 30+8

④ 6+81

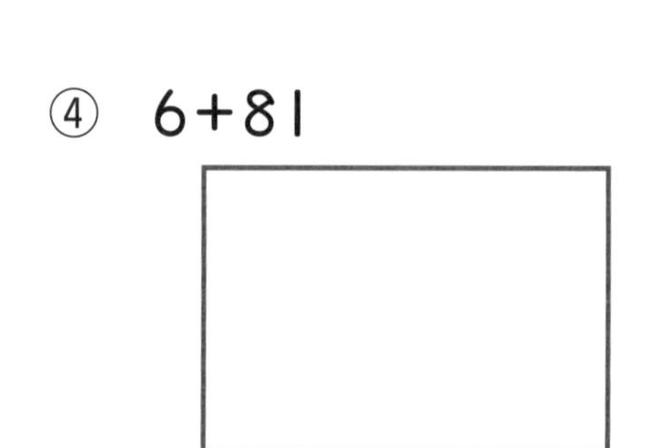

3 つぎの　もんだいに　答(こた)えましょう。

① 36円の　グミと，53円の　チョコレートを　買(か)います。
だい金は　いくらに　なりますか。
しき

答え（　　　　）

② 公園(こうえん)に　おとなが　6人，子どもが　42人　います。
あわせて　何人(なんにん)　いますか。
しき

答え（　　　　）

かんがえよう！ ―算数と　プログラミング―

①，②に　あてはまる　ものを　下の　の　中から　えらんで，記(き)ごうで　答えましょう。

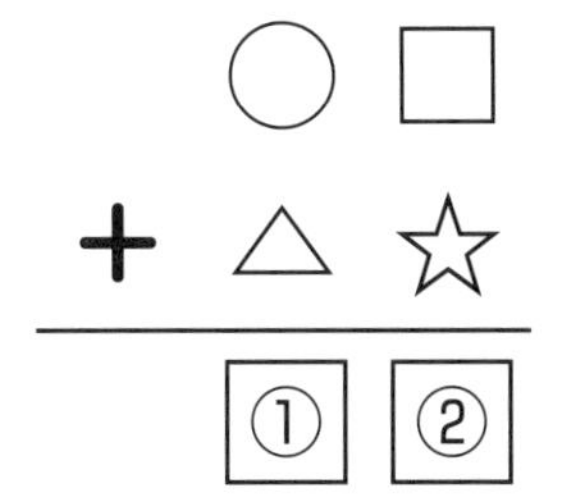

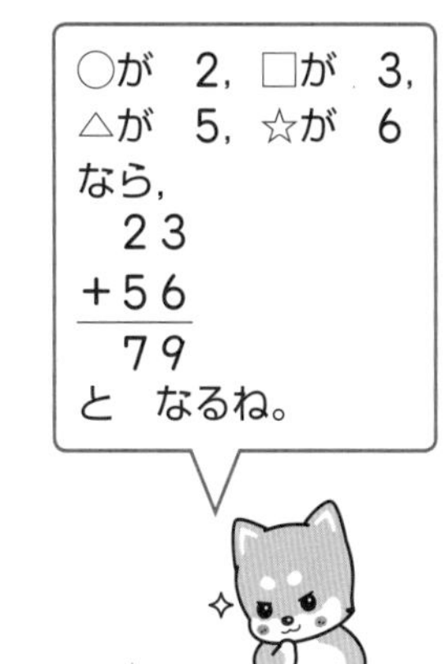

㋐ ○＋□　　㋑ ○＋△

㋒ □＋☆　　㋓ △＋☆

①（　　　　）　②（　　　　）

4 ひき算の　ひっ算(1)

学しゅうした　日
月　　日

答えは べっさつ 3 ページ

1 つぎの　計算(けいさん)を　しましょう。

① 　48
−25

② 　76
−35

③ 　89
−　4

④ 　32
−　2

⑤ 　49
−30

⑥ 　90
−20

2 つぎの　計算を　ひっ算で　しましょう。

① 85−13

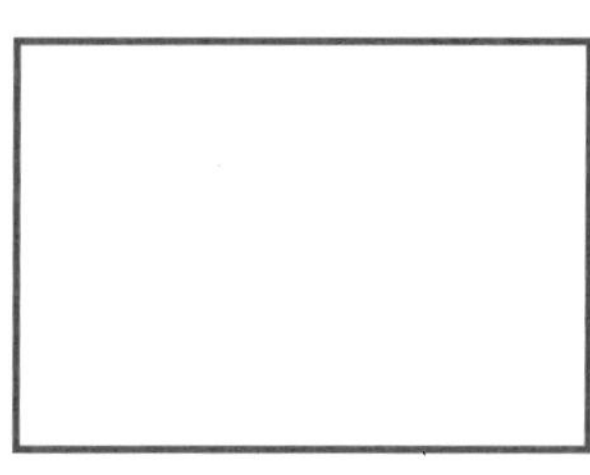

② 68−8

③ 56−50

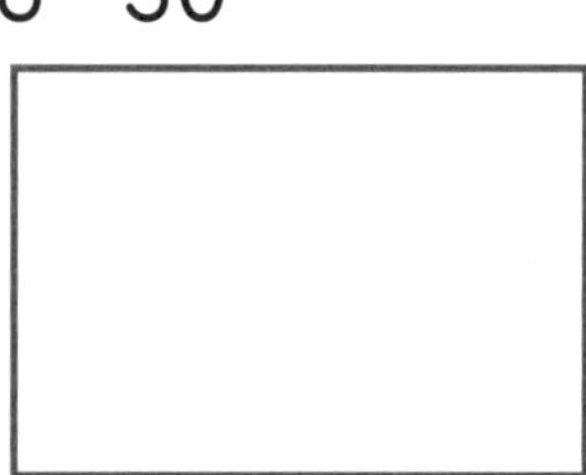

④ 70−40

3 つぎの　もんだいに　答(こた)えましょう。

① おり紙(がみ)が　94 まい　あります。62 まい　つかうと，のこりは　何(なん)まい　ですか。

しき

答え（　　　　）

② おとなと　子どもが　あわせて　67人　います。そのうち，おとなは　20人です。子どもは　何人ですか。

しき

答え（　　　　）

かんがえよう！ ―算数と　プログラミング―

①，②に　あてはまる　ものを　下の　[ ]の　中から　えらんで，記(き)ごうで　答えましょう。

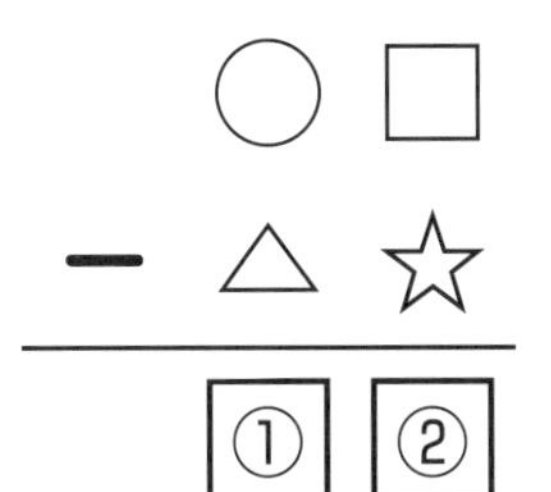

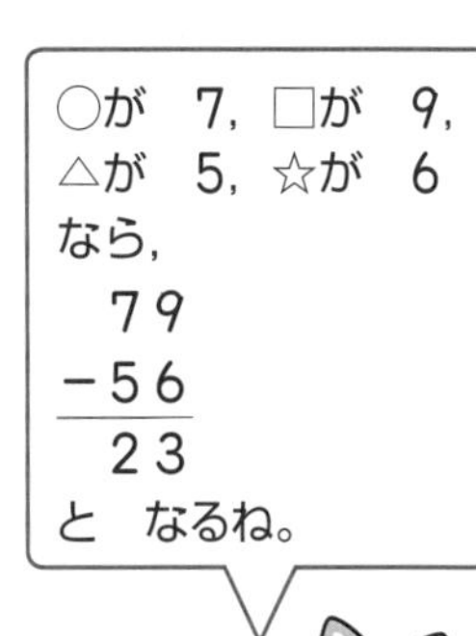

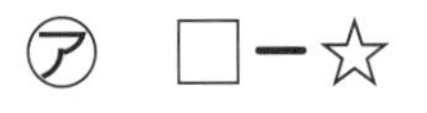

㋐ □−☆　　㋑ ○−☆

㋒ □−△　　㋓ ○−△

①（　　　　）　②（　　　　）

5 ープログラミングの　考え方を　学ぶー
おはじきを　うごかそう！

学しゅうした　日
月　　日
答えは べっさつ４ページ

下の　図(ず)で，おはじきを　スタートの　ますから　→の　むきに　うごかします。

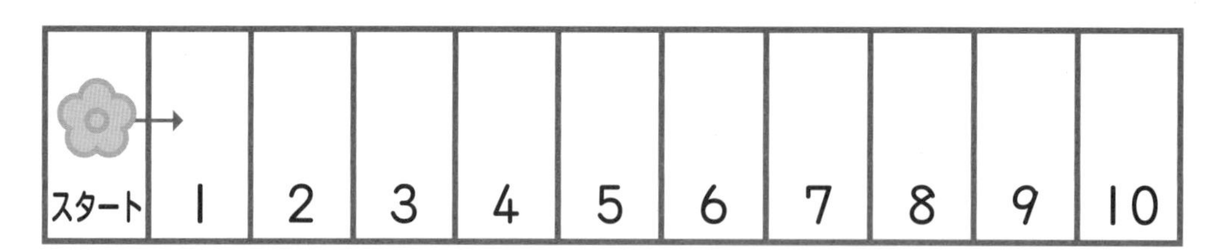

（れい）おはじきを　つぎのように　うごかします。おはじきは　どの　数(かず)の　ますに　うごきますか。

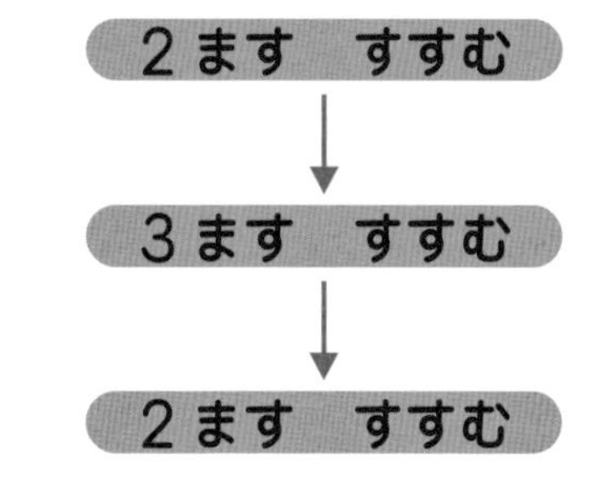

スタート	1	2	3	4	5	6	7	8	9	10
●→	2ます→	●	→	3ます→	●	2ます→	●			

（答(こた)え）　７の　ます

1 おはじきを　つぎのように　うごかします。おはじきは　どの　数の　ますに　うごきますか。

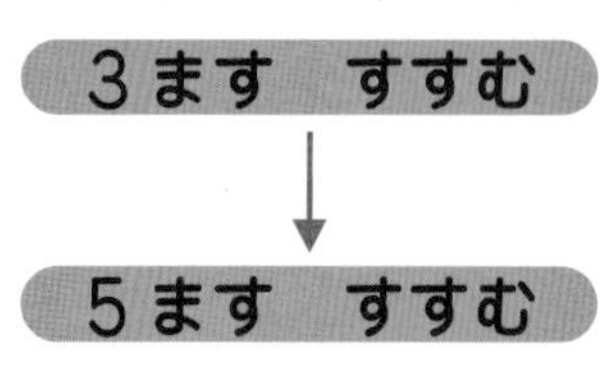

（　　　　）の　ます

2 おはじきを　つぎのように　うごかします。おはじきは　どの数の　ますに　うごきますか。

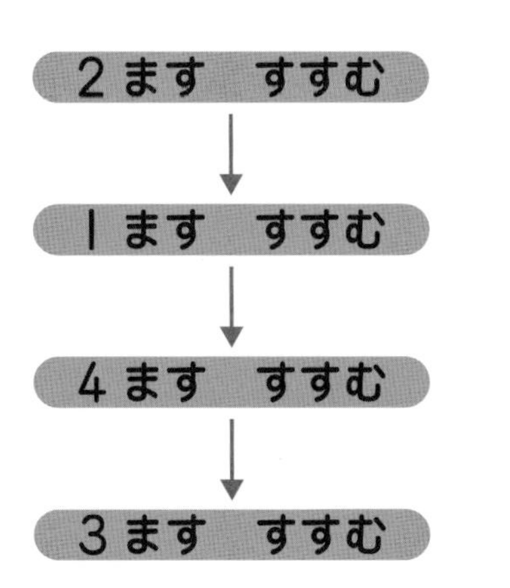

3 おはじきを　10の　ますまで　すすめます。
□に　あてはまる　数を　答えましょう。

① 8ます　すすむ
↓
□ます　すすむ

②

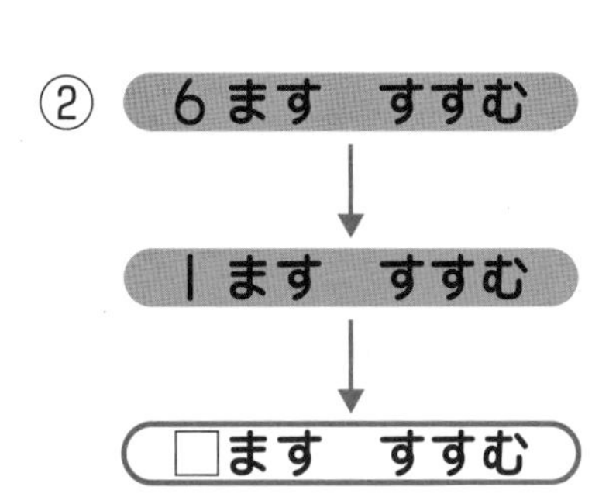

③

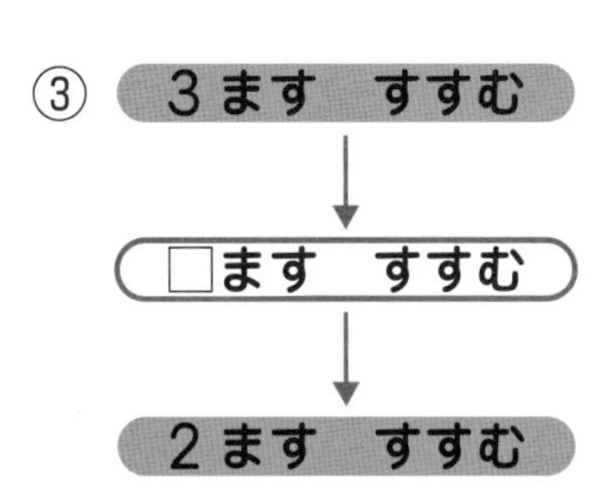

6 たし算の　ひっ算(2)

学しゅうした　日

月　　日

答えは べっさつ4ページ

1 つぎの　計算(けいさん)を　しましょう。

① $\begin{array}{r} 52 \\ +39 \\ \hline \end{array}$

② $\begin{array}{r} 17 \\ +63 \\ \hline \end{array}$

③ $\begin{array}{r} 86 \\ +\ \ 7 \\ \hline \end{array}$

④ $\begin{array}{r} 9 \\ +43 \\ \hline \end{array}$

⑤ $\begin{array}{r} 75 \\ +42 \\ \hline \end{array}$

⑥ $\begin{array}{r} 61 \\ +87 \\ \hline \end{array}$

2 つぎの　計算を　ひっ算で　しましょう。

① 46+39

② 29+5

③ 4+38

④ 82+65

3 つぎの　もんだいに　答え(こた)ましょう。

① 白い　花が　22本，赤い　花が　58本　さいて　います。あわせて　何本(なんぼん)　さいて　いますか。

しき

答え（　　　　　）

② 本を　94ページまで　読(よ)みました。あと　81ページのこって　います。本は　ぜんぶで　何ページですか。

しき

答え（　　　　　）

かんがえよう！ ー算数と　プログラミングー

①，②に　あてはまる　ものを　下の　[　　]の　中から　えらんで，記(き)ごうで　答えましょう。

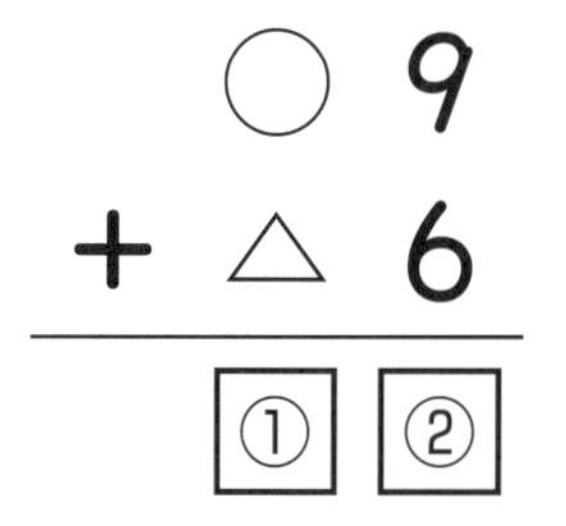

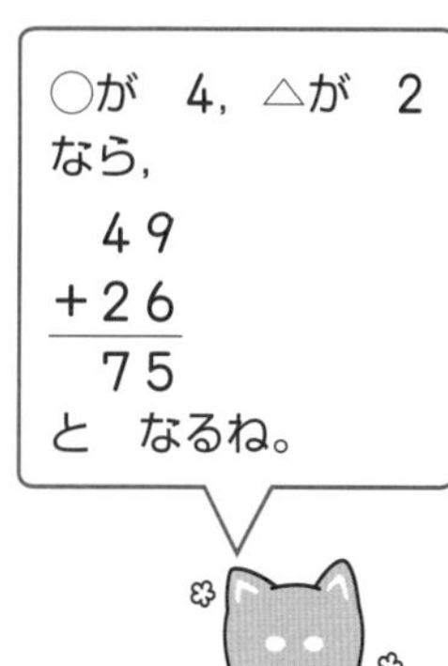

㋐ 15　　㋑ 5

㋒ 1+○+△　　㋓ ○+△

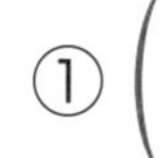（　　　　　）　②（　　　　　）

7 ひき算の　ひっ算(2)

答えは べっさつ５ページ

1 つぎの　計算(けいさん)を　しましょう。

① $\begin{array}{r} 52 \\ -17 \\ \hline \end{array}$

② $\begin{array}{r} 65 \\ -39 \\ \hline \end{array}$

③ $\begin{array}{r} 40 \\ -12 \\ \hline \end{array}$

④ $\begin{array}{r} 84 \\ -78 \\ \hline \end{array}$

⑤ $\begin{array}{r} 91 \\ -3 \\ \hline \end{array}$

⑥ $\begin{array}{r} 137 \\ -51 \\ \hline \end{array}$

2 つぎの　計算を　ひっ算で　しましょう。

① 73−36

② 80−26

③ 62−3

④ 149−84

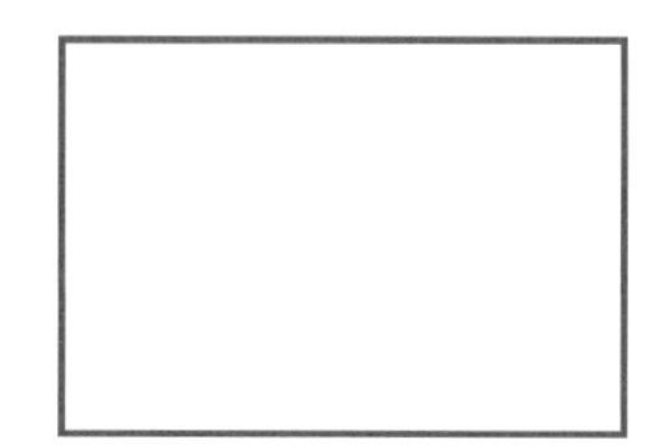

3 つぎの　もんだいに　答えましょう。

① カードを　41 まい　もって　います。妹に　12 まい　あげると，のこりは　何まいですか。

しき

答え（　　　　）

② ケーキは　153 円，プリンは　62 円です。ちがいは　何円ですか。

しき

答え（　　　　）

かんがえよう！ ―算数と　プログラミング―

①，②に　あてはまる　ものを　下の　□の　中から　えらんで，記ごうで　答えましょう。

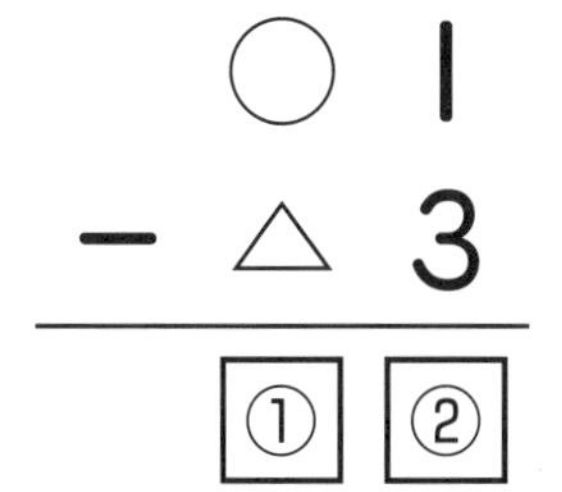

○が　7，△が　4
なら，
　71
−43
　28
と　なるね。

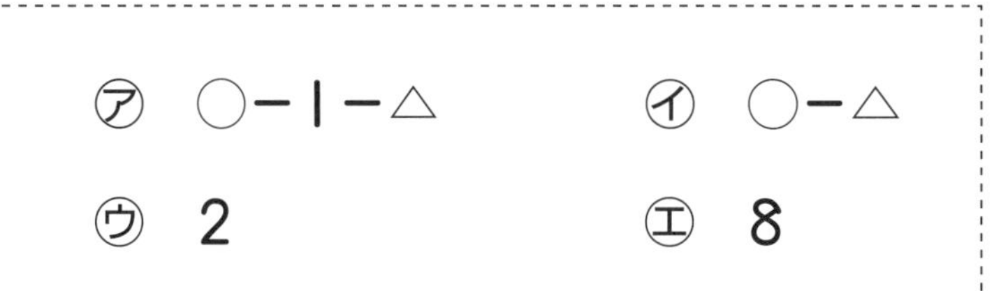

8 1000までの　数

学しゅうした　日
月　　日

答えは べっさつ 5ページ

1 つぎの　数(かず)を　数字(すうじ)で　書(か)きましょう。

① 100を　3こ，10を　7こ，1を　8こ　あわせた　数

(　　　　)

② 100を　5こ，10を　9こ　あわせた　数

(　　　　)

③ 100を　7こ，1を　6こ　あわせた　数

(　　　　)

2 □に　あてはまる　数を　書きましょう。

① 638は，□を　6こ，□を　3こ，1を　□こ　あわせた　数です。

② 400は，100を　□こ　あつめた　数です。

③ 290は，300より　□　小さい　数です。

④ 1000より　□　小さい　数は　980です。

3 つぎの　数の線(せん)を　見て　答(こた)えましょう。

700　800　900

① いちばん　小さい　1めもりは　いくつですか。

(　　　　)

② □に　あてはまる　数を　書きましょう。

4 □に　あう　>，<を　書きましょう。

① 425 □ 452　　② 97 □ 103

かんがえよう！ ー算数と　プログラミングー

①，②に　あてはまる　ものを　下の　□の　中から　えらんで，記(き)ごうで　答えましょう。

・100を　□こ，10を　○こ，1を　△こ　あわせた　数は，①です。

どちらも
3けたの　数
だね。

・100を　☆こ，1を　◎こ　あわせた　数は，②です。

㋐ □○　㋑ □○△　㋒ ☆0◎　㋓ ☆◎

①(　　　　)　②(　　　　)

9 たし算の　ひっ算(3)

学しゅうした　日　　月　　日

答えは べっさつ 6 ページ

1 つぎの　計算(けいさん)を　しましょう。

① $\begin{array}{r} 59 \\ +93 \\ \hline \end{array}$

② $\begin{array}{r} 85 \\ +47 \\ \hline \end{array}$

③ $\begin{array}{r} 74 \\ +66 \\ \hline \end{array}$

④ $\begin{array}{r} 73 \\ +28 \\ \hline \end{array}$

⑤ $\begin{array}{r} 98 \\ +\ \ 4 \\ \hline \end{array}$

⑥ $\begin{array}{r} 367 \\ +\ \ 18 \\ \hline \end{array}$

2 つぎの　計算を　ひっ算で　しましょう。

① 64+79

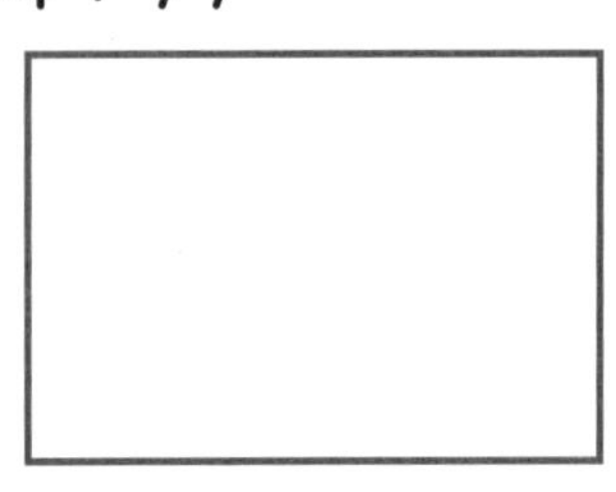

② 96+7

③ 412+49

④ 8+672

3 つぎの　もんだいに　答えましょう。

① 93円の　ジュースと，67円の　パンを　買います。だい金は　いくらに　なりますか。

しき

答え（　　　　）

② なおきさんは　シールを　125まい　もって　います。お兄さんから　69まい　もらうと，ぜんぶで　何まいに　なりますか。

しき

答え（　　　　）

かんがえよう！ ー算数と　プログラミングー

①，②に　あてはまる　ものを　下の　[　]の　中から　えらんで，記ごうで　答えましょう。

①（　　　　）　②（　　　　）

10 ひき算の　ひっ算(3)

学しゅうした　日
月　　日

答えは べっさつ６ページ

1 つぎの　計算(けいさん)を　しましょう。

①
```
  103
-  45
```

②
```
  100
-  72
```

③
```
  102
-   8
```

④
```
  634
-   9
```

⑤
```
  861
-   6
```

⑥
```
  513
-   7
```

2 つぎの　計算を　ひっ算で　しましょう。

① 107−39

② 106−8

③ 467−38

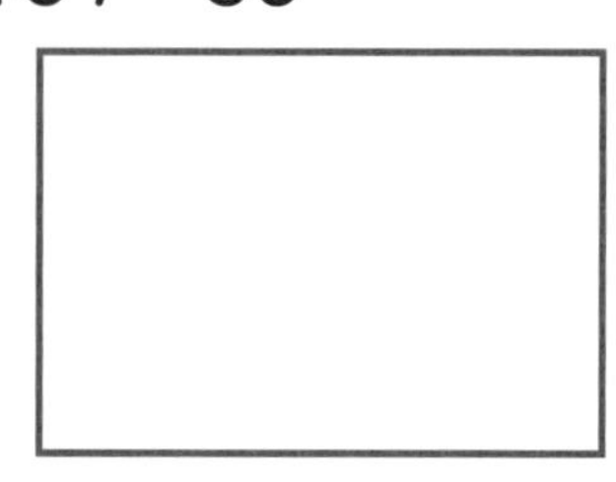

④ 953−4

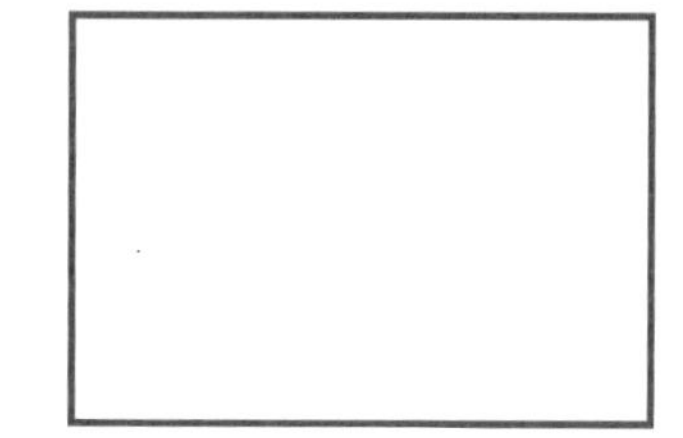

3 つぎの　もんだいに　答(こた)えましょう。

① 100円　もって　います。26円の　あめを　買(か)うと，のこりは　何円(なんえん)ですか。

しき

答え（　　　　　）

② 南(みなみ)小学校の　人数(にんずう)は　211人です。北(きた)小学校の　人数は，南小学校より　5人　少(すく)ないです。北小学校の　人数は　何人ですか。

しき

答え（　　　　　）

かんがえよう！ ―算数と　プログラミング―

①，②に　あてはまる　ものを　下の　[　　]の　中から　えらんで，記(き)ごうで　答えましょう。

$$
\begin{array}{r}
\triangle\ 1\ 7 \\
-\ \square\ 3\ 9 \\
\hline
①\ ②\ 8
\end{array}
$$

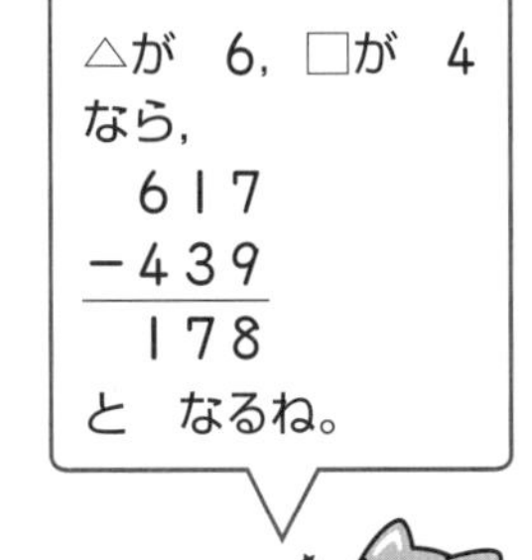

㋐ △−□　㋑ △−1−□

㋒ 8　㋓ 7

①（　　　　　）　②（　　　　　）

11 はたは　どこに　うごく？

ープログラミングの　考え方を　学ぶー

学しゅうした　日　　月　　日

答えは べっさつ７ページ

下の　図(ず)で，赤い　はたを　→の　むきに　うごかします。

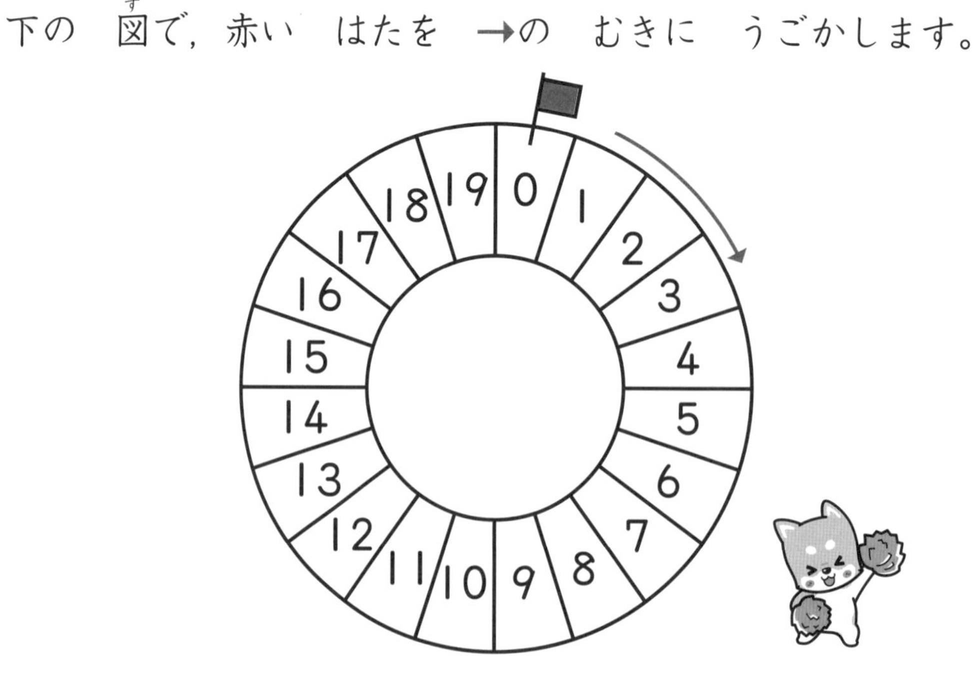

(れい)赤い　はたを，0の　ますに　おいて，つぎのように　うごかします。赤い　はたは，どの　数(かず)の　ますに　うごきますか。

① 1ます　すすむ　ことを　2回　くりかえす

↓

② 2ます　すすむ　ことを　3回　くりかえす

①1+1=2　だから，赤い　はたは，2ます　すすみます。
赤い　はたは，2の　ますに　うごきます。

②2+2+2=6　だから，赤い　はたは，6ます　すすみます。
2の　ますから　6ます　すすむので，2+6=8
赤い　はたは，8の　ますに　うごきます。

(答(こた)え)　8の　ます

じゅんばんに　1つずつ
考(かんが)えて　いこう。

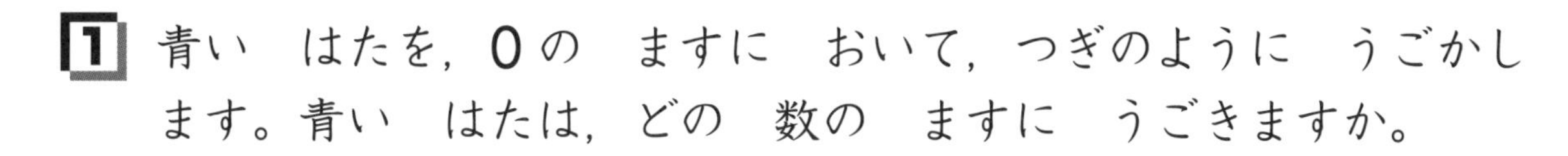

1 青い　はたを，0の　ますに　おいて，つぎのように　うごかします。青い　はたは，どの　数の　ますに　うごきますか。

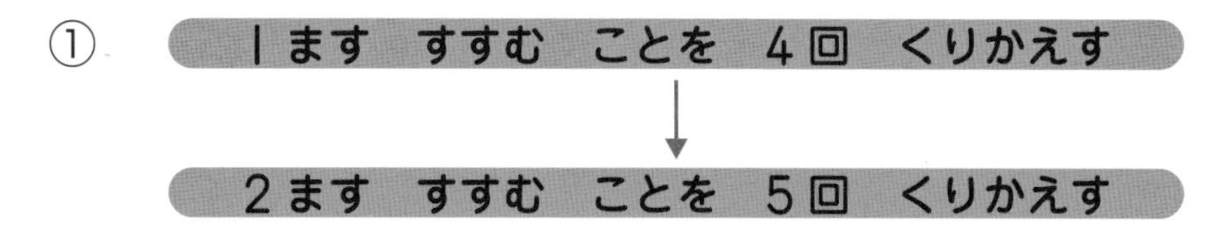

① 1ます　すすむ　ことを　4回　くりかえす

↓

2ます　すすむ　ことを　5回　くりかえす

（　　　　）の　ます

② 2ます　すすむ　ことを　4回　くりかえす

↓

3ます　すすむ　ことを　2回　くりかえす

↓

1ます　すすむ　ことを　5回　くりかえす

（　　　　）の　ます

2 白い　はたを，5の　ますに　おいて，つぎのように　うごかします。白い　はたは，どの　数の　ますに　うごきますか。

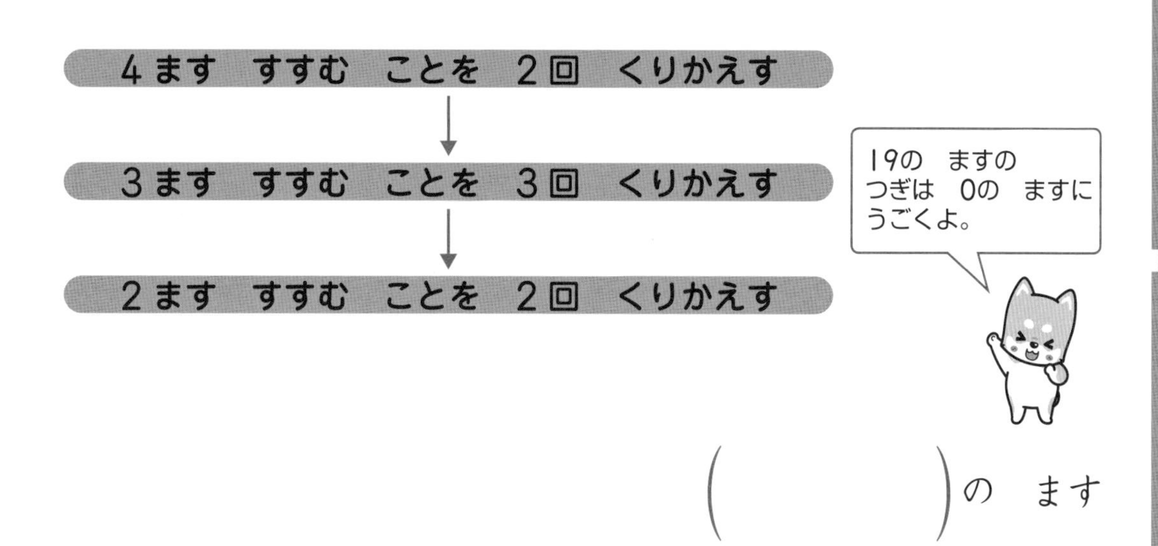

4ます　すすむ　ことを　2回　くりかえす

↓

3ます　すすむ　ことを　3回　くりかえす

↓

2ます　すすむ　ことを　2回　くりかえす

（　　　　）の　ます

12 長さ(1)

1 つぎの 長さは 何cmですか。

ものさしの
めもりを
よもう。

①

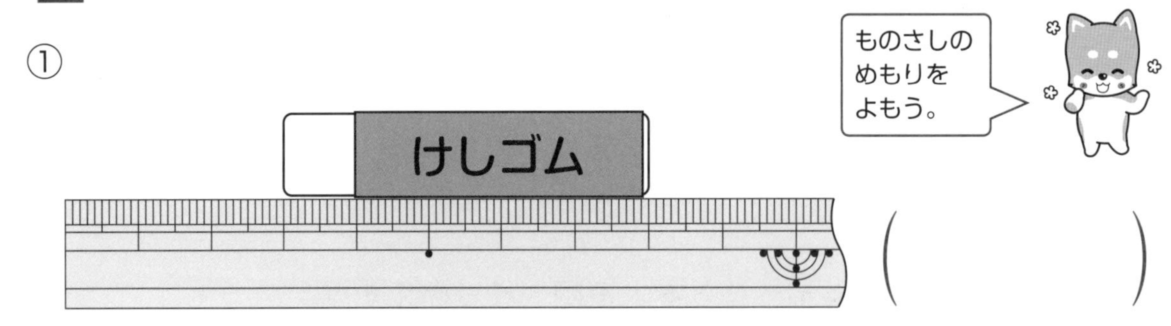

(　　　　　)

②

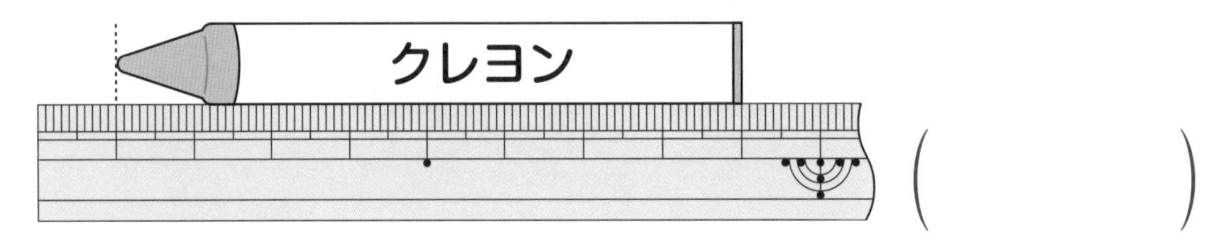

(　　　　　)

2 □に あてはまる 数を 書きましょう。

① 7cm=□mm　　② 8cm4mm=□mm

3 長い ほうに ○を 書きましょう。

① 31mm　3cm
(　　)　(　　)

② 10cm　99mm
(　　)　(　　)

4 計算を しましょう。

① 2cm3mm+7mm　　② 5cm−4mm

5 下のような　2本の　リボンが　あります。

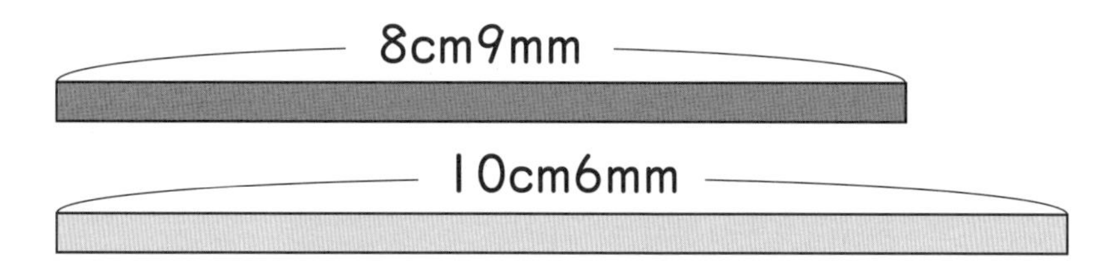

① あわせた　長さは　どれだけですか。
しき

答え（　　　　）

② 長さの　ちがいは　どれだけですか。
しき

答え（　　　　）

かんがえよう!　ー算数と　プログラミングー

①，②に　あてはまる　ものを　下の ┆　┆の　中から　えらんで，記ごうで　答えましょう。

・△cm8mm＋9mm＝①cm7mm

・□cm－2mm＝②cm8mm

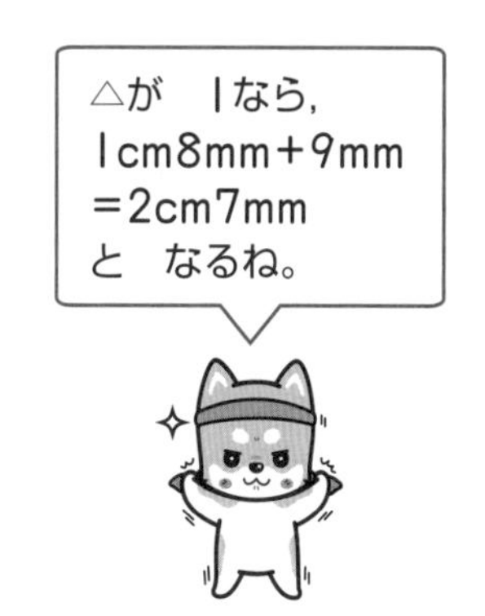

①（　　　　）　②（　　　　）

13 水の　かさ

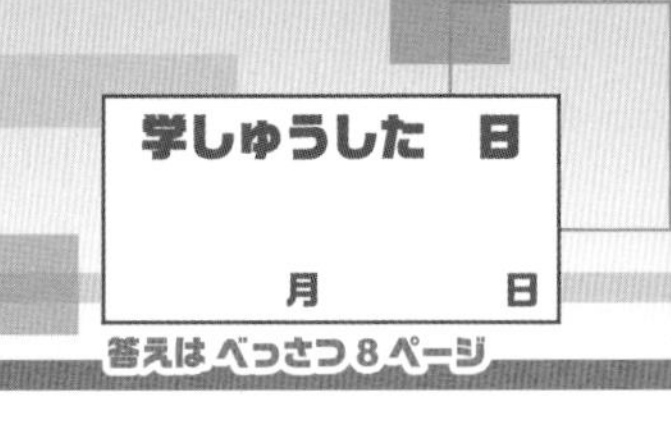

1 水の　かさは　どれだけですか。

① 1L　1L

（　　　　　）

② 1L　1dL　1dL

（　　　　　）

③ 1dL　1dL　1dL　1dL　1dL
1dL　1dL　1dL　1dL

（　　　　　）

④

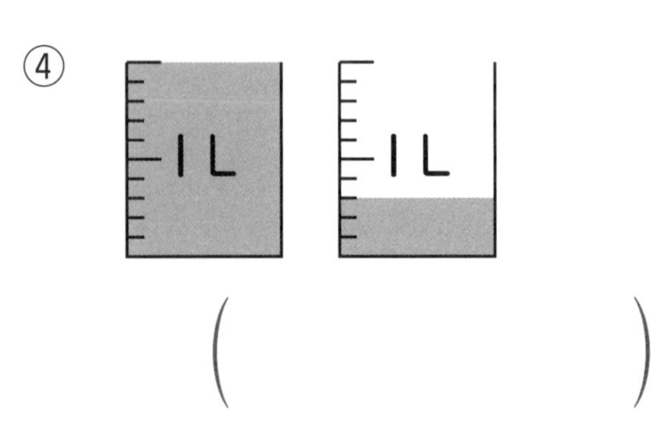

（　　　　　）

2 □に　あてはまる　数(かず)を　書(か)きましょう。

① 4L=□dL　　② 5L6dL=□dL

3 計算(けいさん)を　しましょう。

① 2L5dL+3L4dL　　② 4dL+8L8dL

③ 8L3dL−7L1dL　　④ 6L−1L7dL

4 □に　あてはまる　>，<を　書きましょう。

① 2L□3dL　　② 900mL□1L

5 水が　大きい　バケツに　3L5dL，小さい　バケツに　1L6dL 入って　います。

① あわせて　どれだけですか。

しき

答え（　　　）

② ちがいは　どれだけですか。

しき

答え（　　　）

かんがえよう！ —算数と　プログラミング—

①，②に　あてはまる　ものを　下の　[　　]の　中から　えらんで，記ごうで　答えましょう。

「7Lは，700dLです。」は，まちがって　います。

まちがいを　せつめいして　いる　文しょうは，[①]です。

正しい　文しょうは　[②]です。

㋐ 1Lを　100dLと　して　いる。	㋑ 7Lは，70dLです。
㋒ 1Lを　1000dLと　して　いる。	㋓ 7Lは，7000dLです。

①（　　　）　②（　　　）

14 大きい　数の　計算

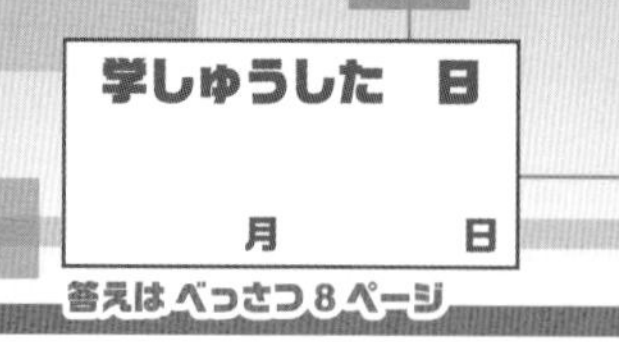

答えは べっさつ8ページ

1 つぎの　計算(けいさん)を　しましょう。

① 50+70　② 80+30

③ 90+60　④ 40+90

⑤ 110−20　⑥ 140−70

⑦ 130−80　⑧ 170−90

2 つぎの　計算を　しましょう。

① 200+500　② 300+700

③ 900−600　④ 1000−400

⑤ 800+50　⑥ 600+7

⑦ 430−30　⑧ 209−9

3 つぎの　もんだいに　答(こた)えましょう。

① 赤い　おはじきが　60こ，青い　おはじきが　80こ　あります。おはじきは　ぜんぶで　何(なん)こ　ありますか。

しき

答え（　　　　）

② 800円の　ぼうしを　買(か)うので，1000円を　出しました。おつりは　何円に　なりますか。

しき

答え（　　　　）

かんがえよう！ ー算数と　プログラミングー

①，②に　あてはまる　ものを　下の　[　　]の　中から　えらんで，記(き)ごうで　答えましょう。

・答えが　300に　なるのは，[①]です。

・答えが　600に　なるのは，[②]です。

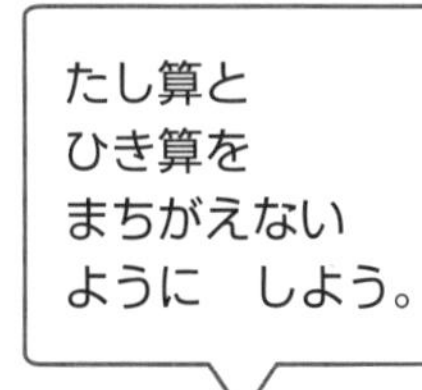

㋐ 800−600
㋑ 400+200
㋒ 300+100
㋓ 1000−700

①（　　　　）　②（　　　　）

15 3つの　数の　計算

答えは べっさつ9ページ

1 つぎの　計算を　しましょう。

① 15+(2+3)　　② 35+(4+31)

③ 17+(3+7)　　④ 24+(5+5)

⑤ 8+(16+4)　　⑥ 27+(19+1)

2 くふうして　計算を　しましょう。

① 18+7+3　　② 29+4+6

③ 5+36+5　　④ 8+57+2

⑤ 19+62+1　　⑥ 33+49+7

3 すずめが　16わ　います。8わ　とんで　きました。つぎに　2わ　とんで　きました。すずめは　ぜんぶで　何わに　なりましたか。1つの　しきに　あらわして　計算しましょう。

しき

答え（　　　　　）

かんがえよう！ ー算数と　プログラミングー

①，②に　あてはまる　ものを　下の [　　] の　中から　えらんで，記ごうで　答えましょう。

[○＋△＋□] の　計算を　します。

10+4+6
を　計算するんだね。

・○が　10，△が　4，□が　6の　とき，
　○＋△＋□の　答えは，[①]です。

・○が　8，△が　15，□が　2の　とき，
　○＋△＋□の　答えは，[②]です。

①（　　　　　）　②（　　　　　）

16 ープログラミングの　考え方を　学ぶー どんな　計算に　なるかな？

学しゅうした　日
月　　日

答えは べっさつ９ページ

○ □ △ ☆ の　カードに，つぎの　数(かず)を　書(か)きます。

○←6　□←5　△←14　☆←17

(れい)つぎの　計算(けいさん)を　しましょう。

① ○＋□
○に　6，□に　5を　入れると，6+5　です。
(答(こた)え)　11

② △＋□－○
△に　14，□に　5，○に　6を
入れると，14+5－6　です。
(答え)　13

カードに　数を　あてはめよう。

1 上の　カードを　つかって　つぎの　計算を　しましょう。

① ○＋△
(　　　)

② ☆－□
(　　　)

③ ○＋☆－△
(　　　)

2 ○ □ △ ☆ の　カードに，つぎの　数を　書きます。

○←13　□←24　△←52　☆←38

上の　カードを　つかって　つぎの　計算を　しましょう。

どの　カードに
どの　数が　入るかを
まちがえないように　しよう。

① ○＋☆

(　　　　)

② △－□

(　　　　)

③ □＋☆＋△

(　　　　)

④ ☆－○－□

(　　　　)

⑤ △－○＋☆

(　　　　)

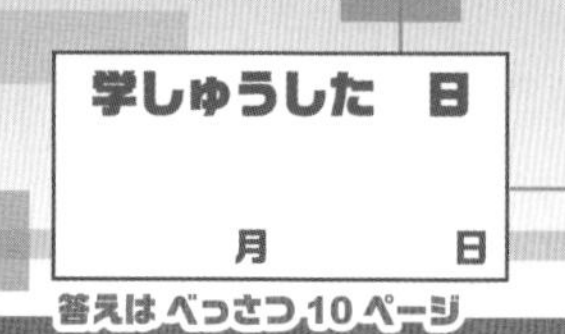

17 かけ算の　しき

学しゅうした　日
月　　日

答えは べっさつ 10 ページ

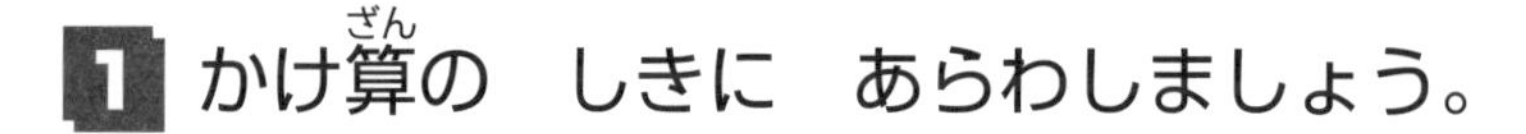

1 かけ算の　しきに　あらわしましょう。

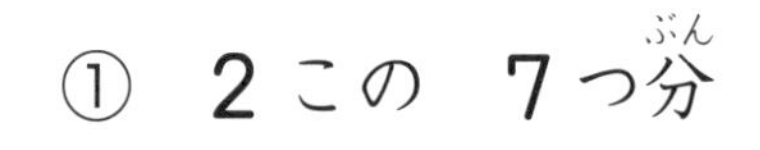

① 2 この　7 つ分　（　　　　）

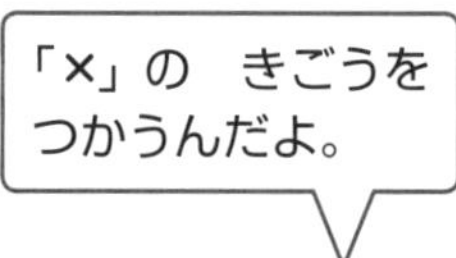

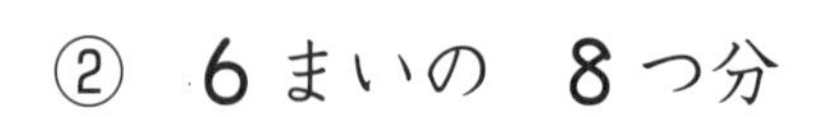

② 6 まいの　8 つ分　（　　　　）

③ 7 台の　3 つ分　（　　　　）

④ 9 さつの　5 つ分　（　　　　）

2 □に　あてはまる　数を　書きましょう。

① 8×3=8+8+□

② 5×□=5+5+5+5+5+5

③ 4+4+4+4+4+4+4=4×□

④ 3×9 は □ の　9 つ分です。

3 かけ算の　しきに　あらわしましょう。

① 6の　4ばい　　　　② 5の　8ばい

（　　　　）　（　　　　）

③ 9の　7ばい　　　　④ 1の5ばい

（　　　　）　（　　　　）

4 ✿の　ぜんぶの　数を　もとめる　しきを　考(かんが)えます。□に　あてはまる　数を　書きましょう。

□この　□ばいだから，□×□

かんがえよう！ ー算数と　プログラミングー

①，②に　あてはまる　ものを　下の　[　　]の　中から　えらんで，記(き)ごうで　答(こた)えましょう。

・△×3=①

・△×6=②

△×2は，
△+△だね。

㋐　△+△　　㋑　△+△+△
㋒　△+△+△+△　　㋓　△+△+△+△+△+△

①（　　　　）　②（　　　　）

18 かけ算(1)

学しゅうした　日
月　　日

答えは べっさつ 10 ページ

1 かけ算(ざん)を　しましょう。

① 2×4　　② 2×6

③ 2×7　　④ 2×9

⑤ 5×3　　⑥ 5×5

⑦ 5×7　　⑧ 5×8

2 かけ算を　しましょう。

① 3×2　　② 3×6

③ 3×8　　④ 3×9

⑤ 4×4　　⑥ 4×5

⑦ 4×7　　⑧ 4×8

3 つぎの　もんだいに　答(こた)えましょう。

① えんぴつを　1人に　2本ずつ　8人に　くばります。えんぴつは　ぜんぶで　何本(なんぼん)　いりますか。

しき

答え（　　　　）

② 3cmの　7ばいの　長(なが)さは　何cmですか。

しき

答え（　　　　）

かんがえよう! ー算数と　プログラミングー

①，②に　あてはまる　ものを　下の　[　]の　中から　えらんで，記(き)ごうで　答えましょう。

[2×4]　[3×7]　[2×8]　[3×3]

・上の　カードで　答えが　10より　小さいのは，[①]です。

・上の　カードで　答えが　15より　大きいのは，[②]です。

㋐	2×8	と 3×7		㋑	2×4	と 2×8
㋒	2×4	と 3×3		㋓	3×3	と 3×7

①（　　　　）　②（　　　　）

19 かけ算(2)

学しゅうした 日

月　　日

答えは べっさつ 11 ページ

1 かけ算を　しましょう。

① 6×2　　② 6×5

③ 6×7　　④ 6×8

⑤ 7×3　　⑥ 7×4

⑦ 7×7　　⑧ 7×9

2 かけ算を　しましょう。

① 8×4　　② 8×5

③ 8×7　　④ 8×9

⑤ 9×3　　⑥ 9×4

⑦ 9×6　　⑧ 9×9

3 つぎの　もんだいに　答(こた)えましょう。

① 1日に　6ページずつ　本を　読(よ)みます。4日間(よっかかん)では　何(なん)ページ読めますか。

しき

答え（　　　　）

② 9Lの　5ばいの　かさは　何Lですか。

しき

答え（　　　　）

かんがえよう！ ―算数と　プログラミング―

①，②に　あてはまる　ものを　下の　┊　┊の　中から　えらんで，記(き)ごうで　答えましょう。

7×6	9×3	7×4	9×5

・上の　カードで　答えが　30より　小さいのは，①です。

・上の　カードで　答えが　40より　大きいのは，②です。

㋐ 7×4 と 9×3　㋑ 7×6 と 9×5

㋒ 7×4 と 7×6　㋓ 9×3 と 9×5

①（　　　　）　②（　　　　）

20 かけ算の　ひょうと　きまり

学しゅうした　日

月　　日

答えは べっさつ 11 ページ

1 右の　ひょうを　見て　答(こた)えましょう。

① ア，イ，ウに　あてはまる　数(かず)を　書(か)きましょう。

ア（　　　　）

イ（　　　　）

ウ（　　　　）

かける数（横） / かけられる数（縦）

	1	2	3	4	5	6	7	8	9
1	1	2	3	4	5	6	7	8	9
2	2	4	6	8	10	12	14	16	18
3	3	6	9	12	15	18	21	24	27
4	4	8	12	16	20	24	28	32	36
5	5	10	ア	20	25	30	35	40	45
6	6	12	18	24	30	36	42	48	54
7	7	14	21	28	35	イ	49	56	63
8	8	16	24	32	40	48	56	64	72
9	9	18	27	36	45	54	63	ウ	81

② つぎの　□に　あてはまる　数を　書きましょう。

・2×6=6×□　　　・4×7=□×4

・5のだんの　九九の　答えは　□ずつ　ふえて　います。

・8×4の　答えは，8×3の　答えより　□　大きいです。

・3×10の　答えは，3×9の　答えより　□　大きいので，

3×10の　答えは　□です。

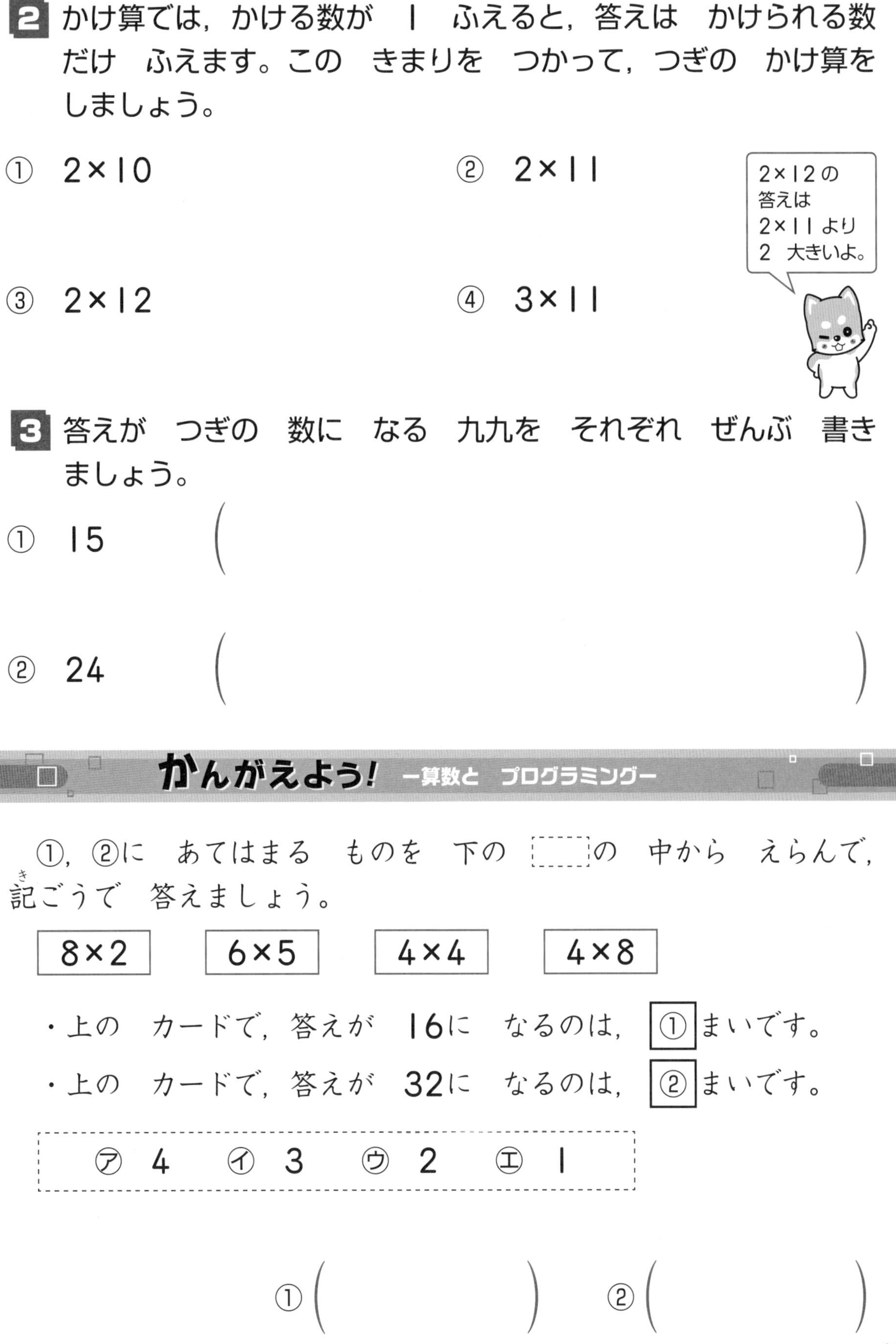

2 かけ算では，かける数が　1　ふえると，答えは　かけられる数だけ　ふえます。この　きまりを　つかって，つぎの　かけ算を　しましょう。

① 2×10　　② 2×11

③ 2×12　　④ 3×11

3 答えが　つぎの　数に　なる　九九を　それぞれ　ぜんぶ　書きましょう。

① 15　（　　　　）

② 24　（　　　　）

かんがえよう！ ー算数と　プログラミングー

①，②に　あてはまる　ものを　下の　[　　]の　中から　えらんで，記(き)ごうで　答えましょう。

8×2	6×5	4×4	4×8

・上の　カードで，答えが　16に　なるのは，①まいです。

・上の　カードで，答えが　32に　なるのは，②まいです。

㋐ 4　㋑ 3　㋒ 2　㋓ 1

①（　　　）　②（　　　）

21 10000までの 数

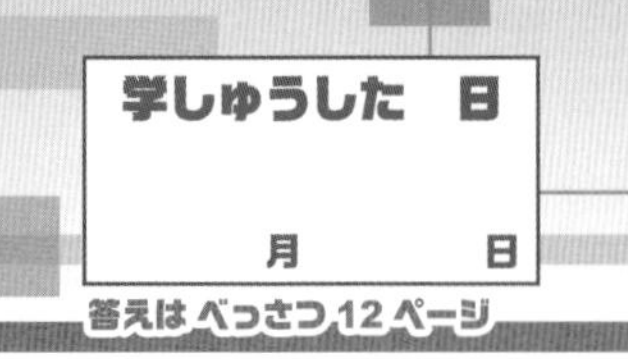

答えは べっさつ 12ページ

1 つぎの 数(かず)を 数字(すうじ)で 書(か)きましょう。

① 1000 を 7 こ，100 を 4 こ，10 を 5 こ，1 を 3 こ あわせた 数

（　　　　）

② 1000 を 8 こ，10 を 6 こ あわせた 数

（　　　　）

③ 100 を 90 こ あつめた 数

（　　　　）

2 □に あてはまる 数を 書きましょう。

① 6829 は，□ を 6 こ，□ を 8 こ，□ を 2 こ，□ を 9 こ あわせた 数です。

② 3005 は，□ を 3 こ，□ を 5 こ あわせた 数です。

③ 4700 は，100 を □ こ あつめた 数です。

④ 10000 より □ 小さい 数は 9998 です。

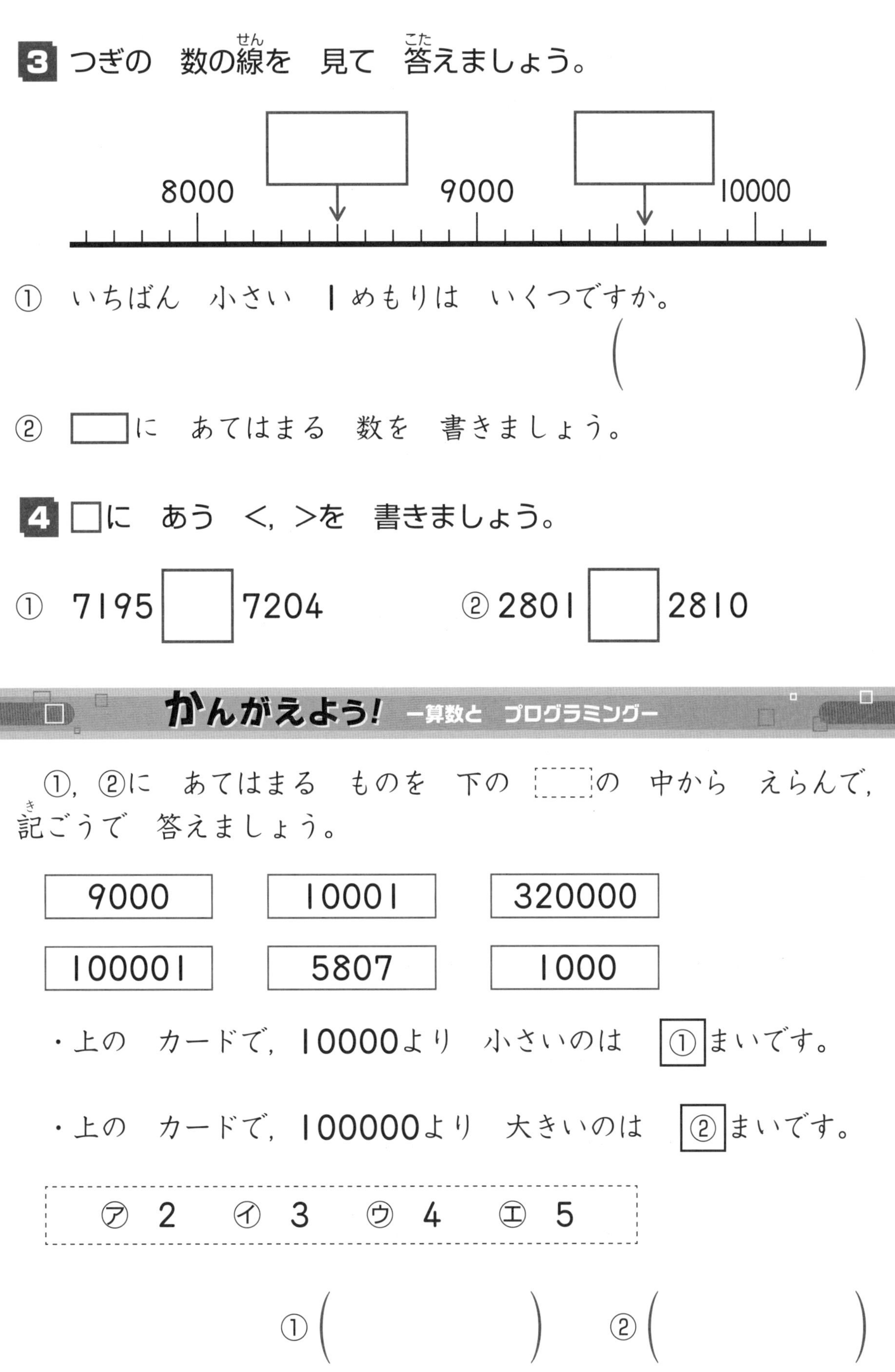

3 つぎの　数の線(せん)を　見て　答(こた)えましょう。

① いちばん　小さい　1めもりは　いくつですか。

（　　　　　）

② □に　あてはまる　数を　書きましょう。

4 □に　あう　<, >を　書きましょう。

① 7195 □ 7204　　② 2801 □ 2810

かんがえよう! ー算数と　プログラミングー

①，②に　あてはまる　ものを　下の □の　中から　えらんで，記(き)ごうで　答えましょう。

9000	10001	320000
100001	5807	1000

・上の　カードで，10000より　小さいのは　①まいです。

・上の　カードで，100000より　大きいのは　②まいです。

㋐ 2　㋑ 3　㋒ 4　㋓ 5

①（　　　　）　②（　　　　）

22 4けたの　数を　つくろう！

ープログラミングの　考え方を　学ぶー

学しゅうした　日　　月　　日

答えは べっさつ 12 ページ

下のような　ますに　数(かず)を　入れて　4けたの　数を　つくります。

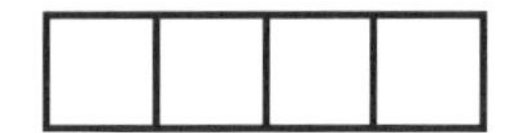

(れい)つぎのように　数を　入れると，どんな　数が　できますか。

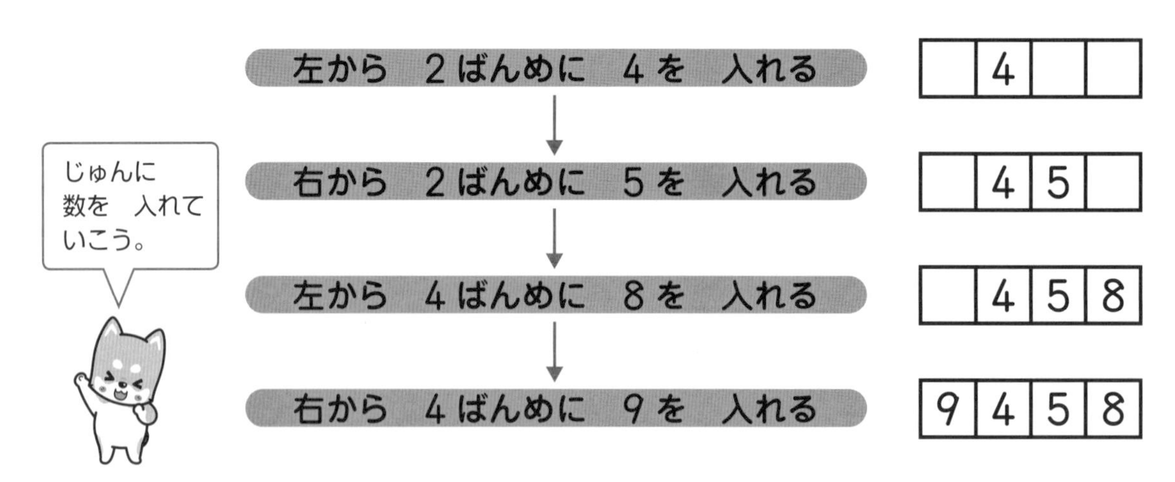

(答(こた)え)　9458

1 つぎのように　数を　入れると，どんな　数が　できますか。

左から　3ばんめに　1を　入れる　□□□□

↓

右から　3ばんめに　7を　入れる　□□□□

↓

右から　1ばんめに　0を　入れる　□□□□

↓

左から　1ばんめに　9を　入れる　□□□□

(　　　　　　)

2 つぎのように　数を　入れると，どんな　数が　できますか。

① □□□□

右から　3ばんめに　4+2の　答えを　入れる

↓

左から　3ばんめに　17−9の　答えを　入れる

↓

右から　4ばんめに　13−8の　答えを　入れる

↓

左から　4ばんめに　3×3の　答えを　入れる

（　　　　　）

② □□□□

左から　2ばんめに　3+6−2の　答えを　入れる

↓

右から　4ばんめに　9−3−1の　答えを　入れる

↓

右から　2ばんめに　14−4−10の　答えを　入れる

↓

左から　4ばんめに　72−70の　答えを　入れる

（　　　　　）

3 上の　もんだいの　①で　できた　数と，②で　できた　数は，どちらが　大きいですか。

（　　　　　）

23 長さ(2)

学しゅうした日　月　日

答えは べっさつ13ページ

1 ①，②の　めもりが　あらわす　長さ(なが)は　どれだけですか。

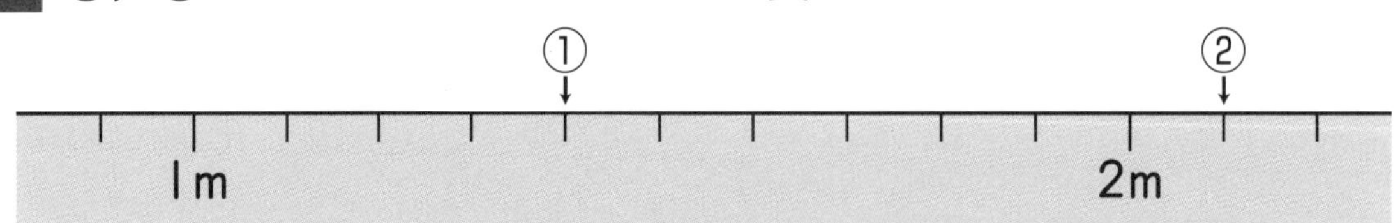

①(　　　　)　②(　　　　)

2 □に　あてはまる　数(かず)を　書(か)きましょう。

① 600cm=□m　② 7m=□cm

③ 925cm=□m□cm

④ 5m3cm=□cm

3 長(なが)い　ほうに　○を　書きましょう。

① 4m4cm (　)　55cm (　)　② 2m (　)　190cm (　)

4 計算(けいさん)を　しましょう。

① 3m50cm+50cm　② 6m−1m70cm

5 白い　ロープの　長さは　2m80cm，黒(くろ)い　ロープの　長さは　3m60cmです。

① あわせた　長さは　どれだけですか。

しき

答(こた)え（　　　　　）

② 長さの　ちがいは　どれだけですか。

しき

答え（　　　　　）

かんがえよう！ ―算数と　プログラミング―

①，②に　あてはまる　ものを　下の　[　　]の　中から　えらんで，記(き)ごうで　答えましょう。

4m30cm	570cm	6m2cm
380cm	10m	3m98cm

・上の　カードで，4mより　みじかい　長さは，[①]まいです。

・上の　カードで，5m50cmより　長い　長さは，[②]まいです。

㋐ 5　㋑ 4　㋒ 3　㋓ 2

①（　　　　　）　②（　　　　　）

24 三角形と　四角形(1)

学しゅうした　日
月　　日

答えは べっさつ 13 ページ

1 下の　図(ず)を　見て　記(き)ごうで　答(こた)えましょう。

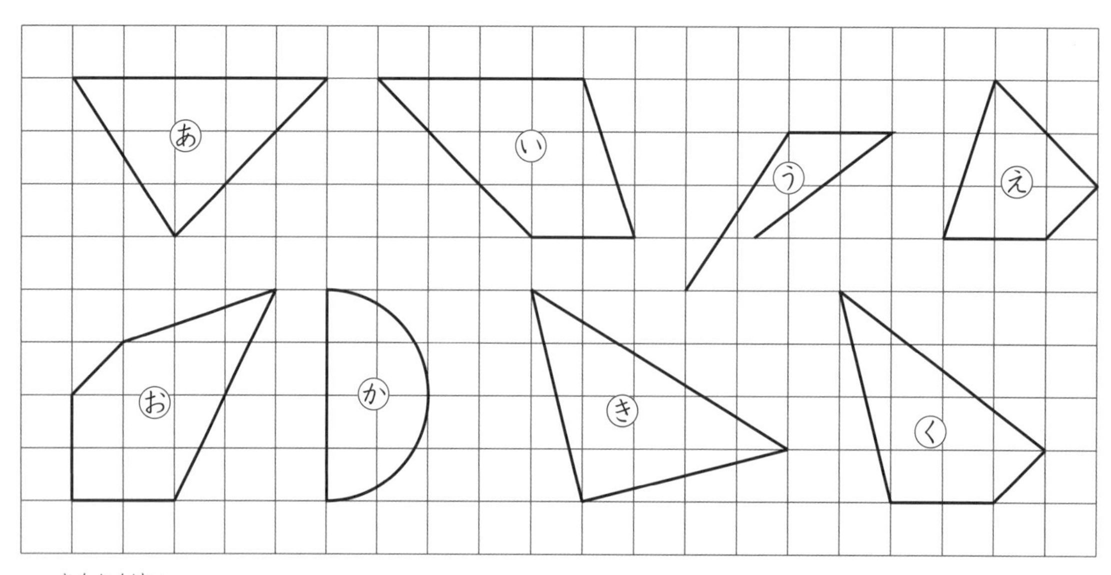

① 三角形(さんかくけい)は　どれですか。

② 四角形(しかくけい)は　どれですか。

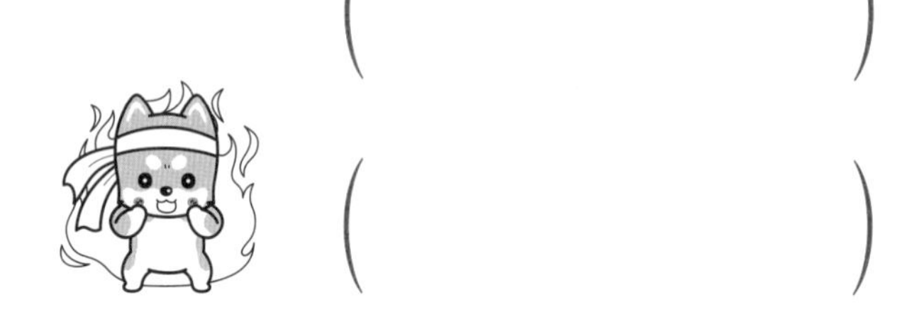

2 □に　あてはまる　ことばを　書(か)きましょう。

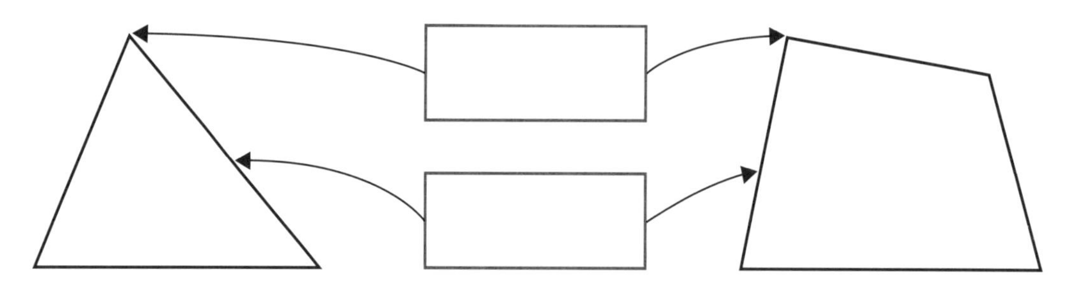

3 □に あてはまる 数(かず)を 書きましょう。

① □本の 直線(ちょくせん)で かこまれた 形(かたち)を 三角形と いいます。

② □本の 直線で かこまれた 形を 四角形と いいます。

4 つぎの 図の 中には，三角形が ぜんぶで 何(なん)こ ありますか。

①

②

（　　　）　（　　　）

かんがえよう！ ー算数と プログラミングー

①，②に あてはまる ものを 下の ┆　┆の 中から えらんで，記(き)ごうで 答えましょう。

・上の 図で 三角形は，①つ あります。

・上の 図で 四角形は，②つ あります。

㋐ 4　㋑ 3　㋒ 2　㋓ 1

①（　　　）　②（　　　）

25 三角形と　四角形(2)

学しゅうした　日
月　　日

答えは べっさつ 14 ページ

1 下の　図を　見て　記ごうで　答えましょう。

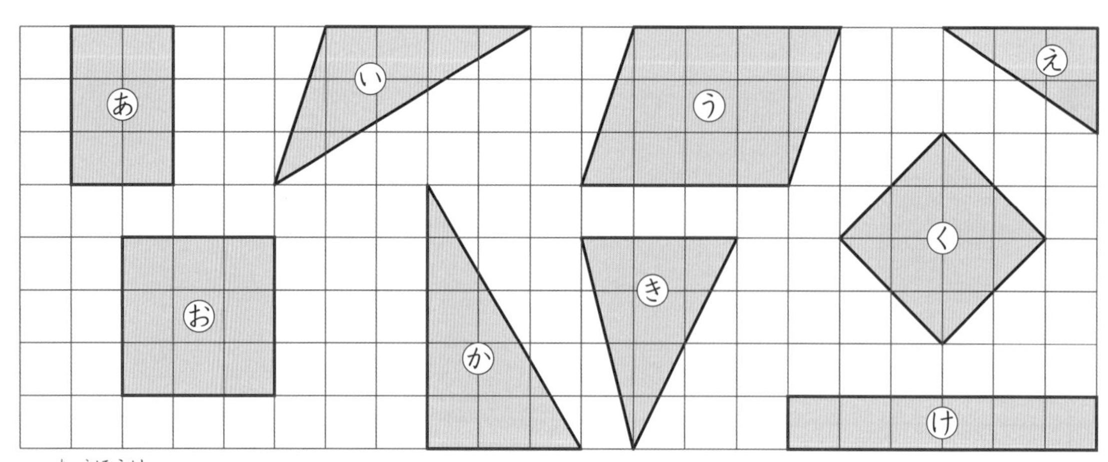

① 長方形は　どれですか。

② 正方形は　どれですか。

③ 直角三角形は　どれですか。

(　　　　　　)

(　　　　　　)

(　　　　　　)

2 □に　あてはまる　ことばを　書きましょう。

① 4つの　かどが　みんな　直角で，4つの　へんの　長さが　みんな　同じに　なって　いる　四角形を　□　と　いいます。

② 直角の　かどが　ある　三角形を　□　と　いいます。

3 右の　図を　見て　答えましょう。

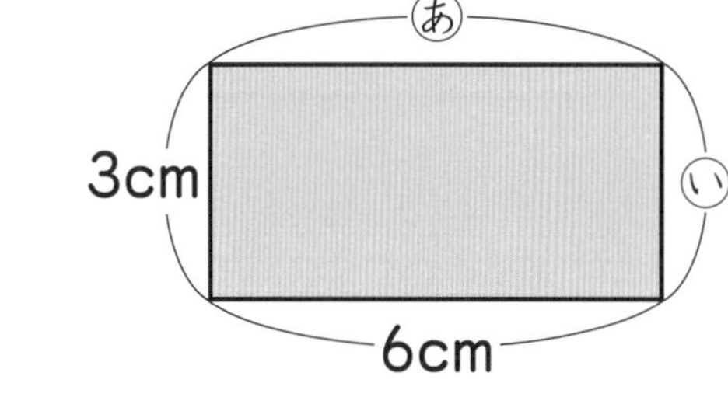

① この　形(かたち)の　名前(なまえ)は　何(なん)ですか。

（　　　　）

② あ，いの　長さは　何cmですか。

あ（　　　　）　い（　　　　）

③ まわりの　長さは　何cmですか。

（　　　　）

かんがえよう！ ―算数と　プログラミング―

①，②に　あてはまる　ものを　下の　[　]の　中から　えらんで，記(き)ごうで　答えましょう。

下の　図で，長方形には　青を　ぬります。正方形には　赤を　ぬります。

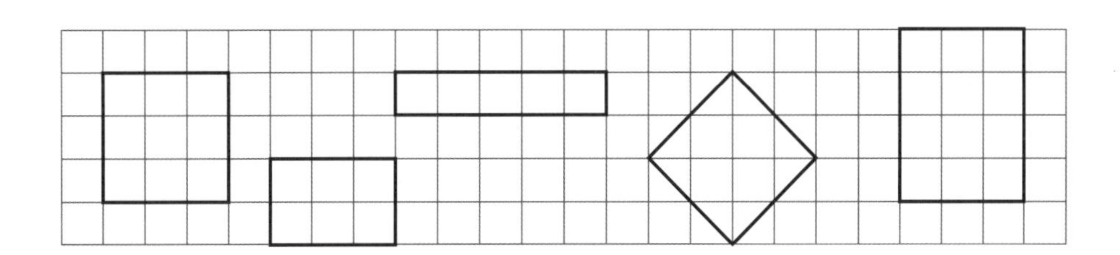

・青に　ぬられた　形は　[①]つ，赤に　ぬられた　形は，[②]つに　なります。

㋐ 1　㋑ 2　㋒ 3　㋓ 4

①（　　　　）　②（　　　　）

26 ープログラミングの　考え方を　学ぶー

形を　分けよう！

学しゅうした　日
月　日

答えは べっさつ 14 ページ

1 下のような　10この　形(かたち)が　あります。

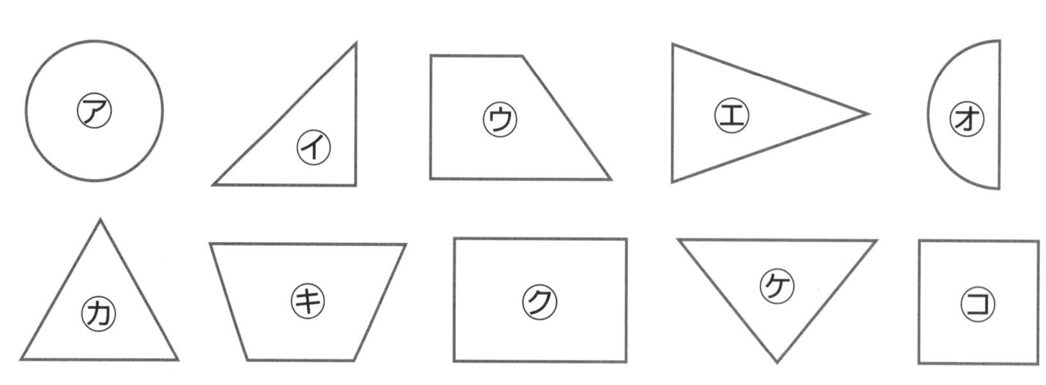

これを　つぎのように　分(わ)けて　いきます。

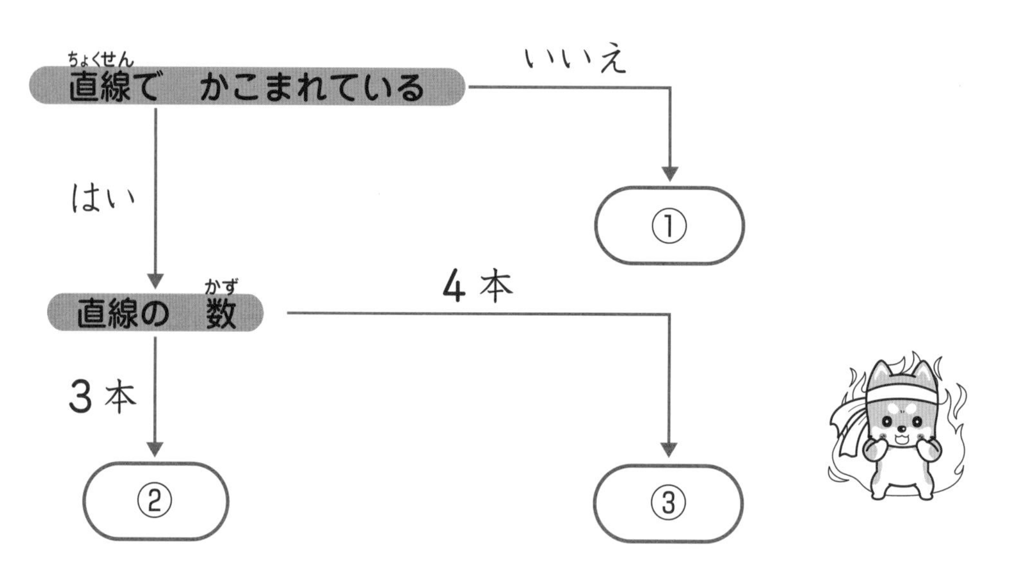

①～③に　あてはまる　形を　記(き)ごうで　すべて　答(こた)えましょう。

①（　　）

②（　　）

③（　　）

2 下のような 10この 四角形（しかくけい）が あります。

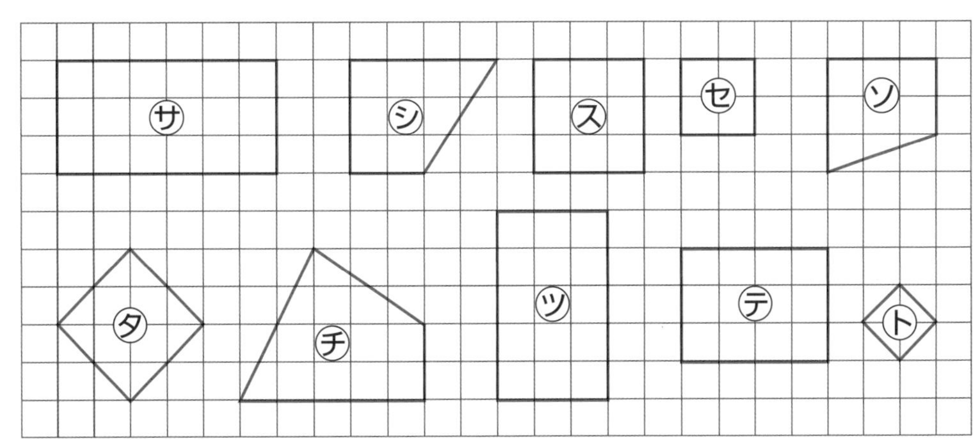

これを つぎのように 分けて いきます。

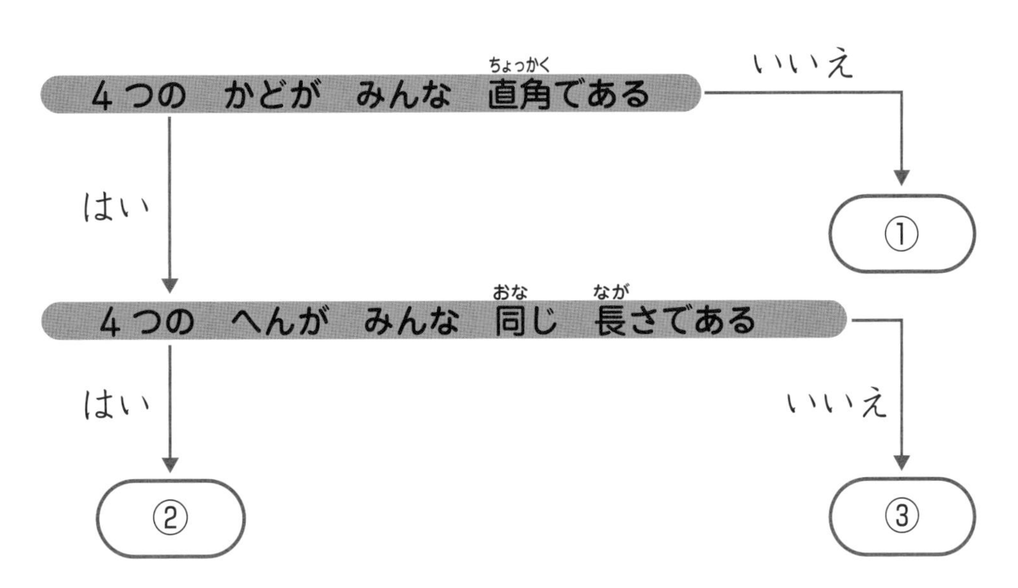

①〜③に あてはまる 形を 記ごうで すべて 答えましょう。

①（　　　　　　　　　　）

②（　　　　　　　　　　）

③（　　　　　　　　　　）

27 はこの 形

答えは べっさつ 15ページ

1 はこの 形や さいころの 形を 見て，□に あてはまる ことばを 書きましょう。

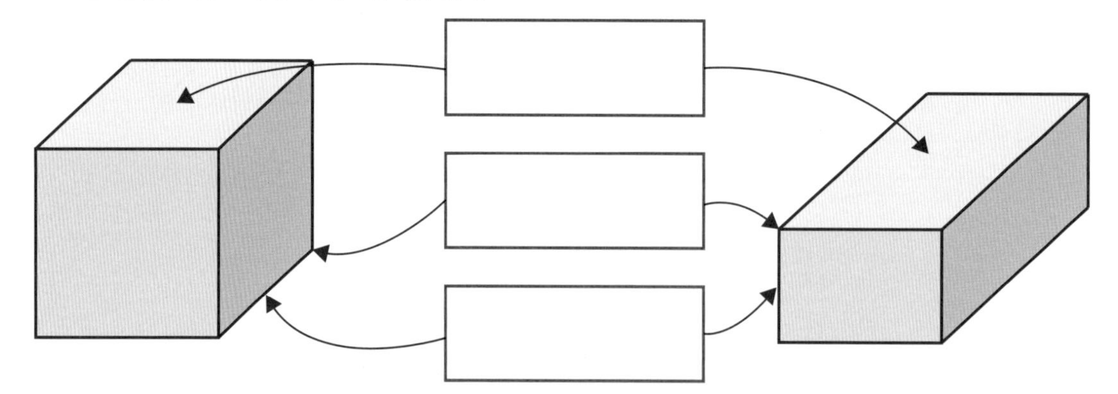

2 □に あてはまる 数や ことばを 書きましょう。

① はこの 形の 面の 形は，正方形や □ です。

② はこの 形には，へんが □，面が □つ，
ちょう点が □つ あります。

3 右の 図を 組み立てた とき，①，②の 面と むかい合う 面は どれですか。記ごうで 答えましょう。

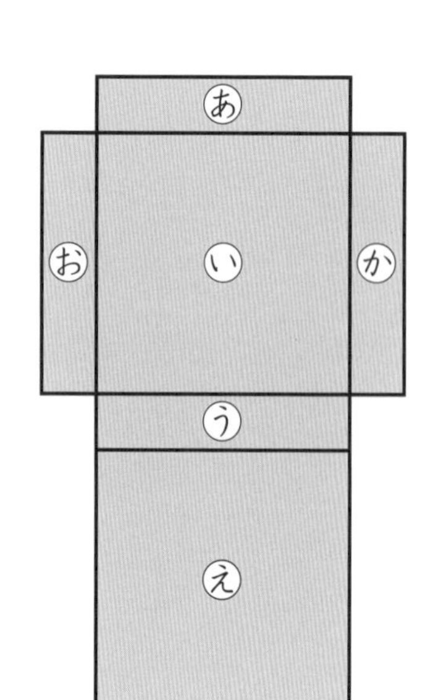

① いの 面 (　　　　) の面

② おの 面 (　　　　) の面

4 ひごと　ねん土玉を　つかって，右の　ような　はこの　形を　つくります。どんな　長さの　ひごを　何本と，ねん土玉を　何こ　つかいますか。下の　ひょうの　(　)に　あてはまる　数を　書きましょう。

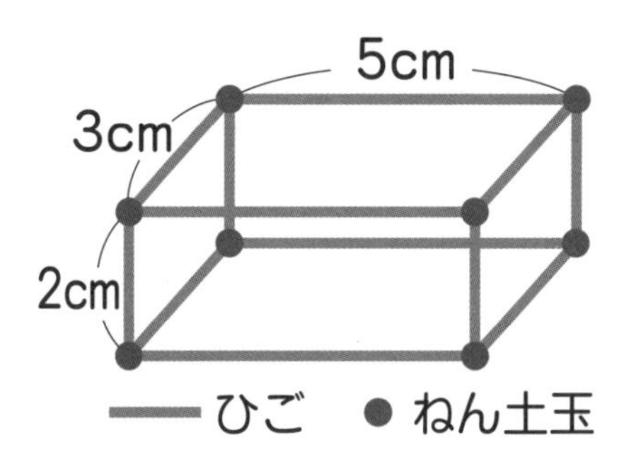

2cmの　ひご	(　　)本
(　　)cmの　ひご	(　　)本
(　　)cmの　ひご	(　　)本
ねん土玉	(　　)こ

かんがえよう！ ー算数と　プログラミングー

①，②に　あてはまる　ものを　下の　[　　]の　中から　えらんで，記ごうで　答えましょう。

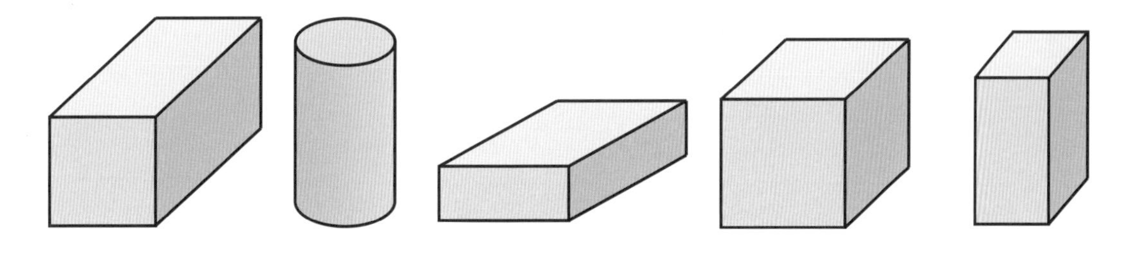

・上の　図で，はこの　形は　[①]つ，さいころの　形は　[②]つ　あります。

①(　　　　)　②(　　　　)

28 分数

学しゅうした　日
月　日
答えは べっさつ 15 ページ

1 □に　あてはまる　数を　書きましょう。

同じ　大きさに　2つに　分けた　1つ分を，もとの　大きさの　二分の一と　いい，□と　書きます。

2 色を　ぬった　ところは，もとの　大きさの　何分の一ですか。

①
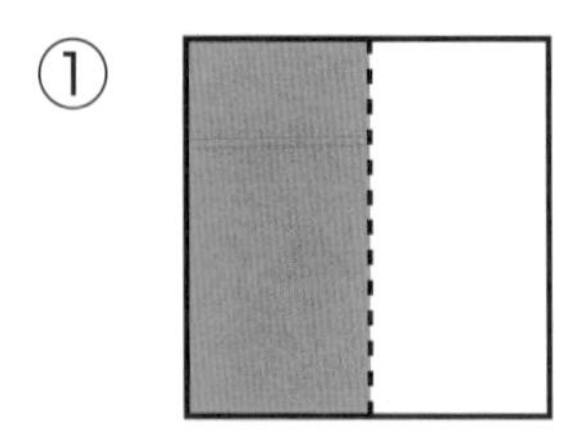

②
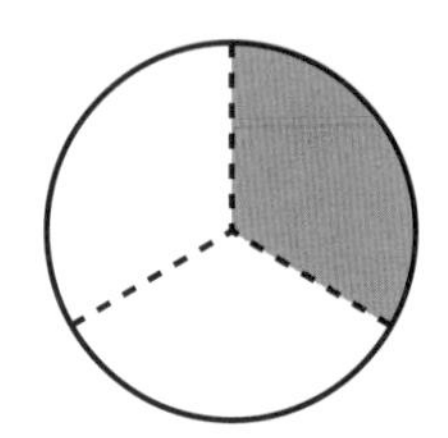

（　　　）　（　　　）

3 ㋐の　$\frac{1}{4}$の　大きさに　なって　いるのは　㋑，㋒，㋓のどれですか。記ごうで　答えましょう。

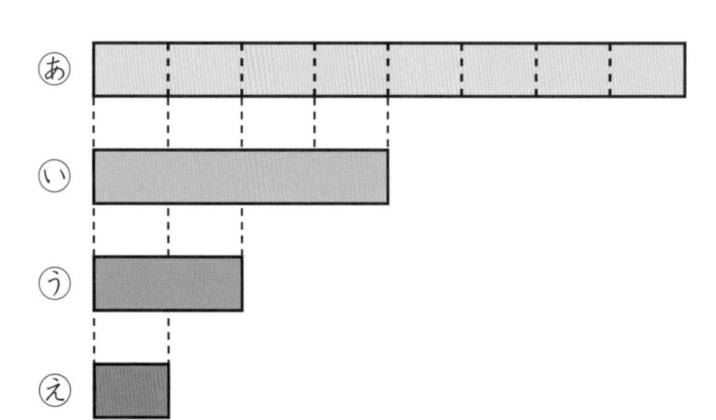

（　　　）

4 下の　図を　見て　答えましょう。

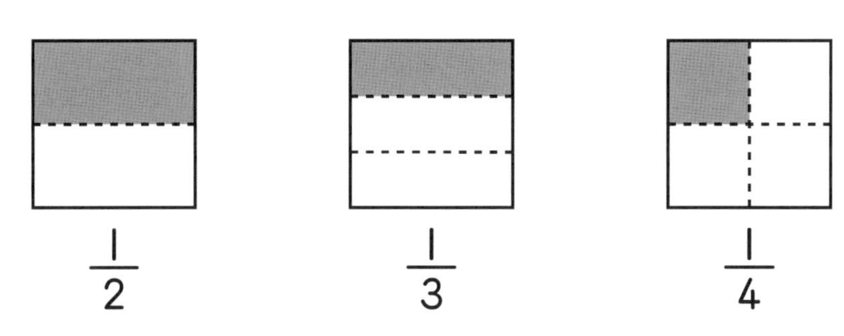

① $\frac{1}{2}$と　$\frac{1}{3}$では，　どちらの　ほうが　大きいですか。　（　　　　）

② $\frac{1}{2}$と　$\frac{1}{4}$では，　どちらの　ほうが　大きいですか。　（　　　　）

かんがえよう！ ―算数と　プログラミング―

①，②に　あてはまる　ものを　下の　[　　]の　中から　えらんで，記ごうで　答えましょう。

正方形の　紙を　はさみで　切って，つぎの　大きさに　したいと　おもいます。

・$\frac{1}{2}$の　大きさに　するには，［①］の　切り方に　します。

・$\frac{1}{4}$の　大きさに　するには，［②］の　切り方に　します。

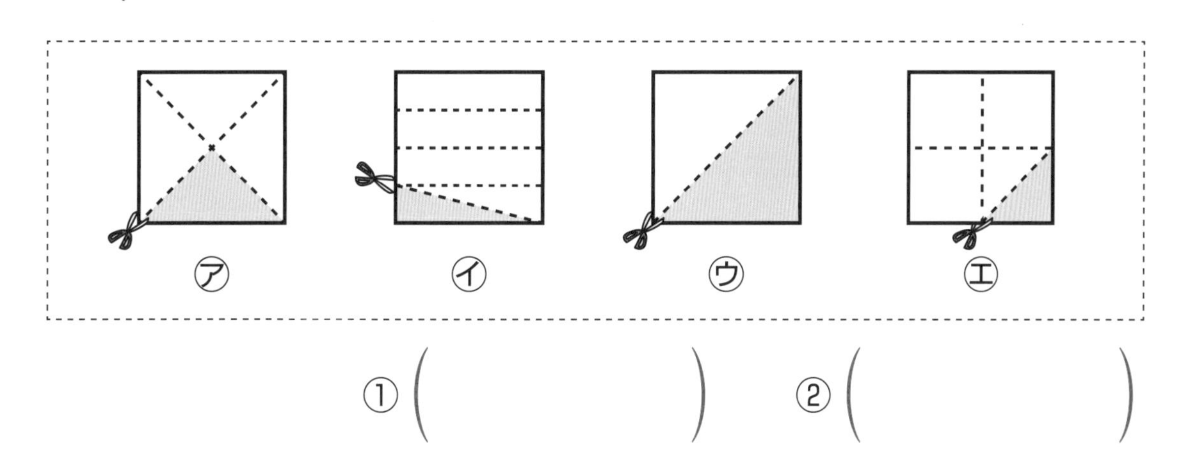

①（　　　　）　②（　　　　）

29 いろいろな　文しょうもんだい

学しゅうした　日
月　　日

答えは べっさつ 16 ページ

1 3こで　1パックの　プリンが　5パックあります。この　プリンを　2こ　食(た)べました。のこりは　何(なん)こですか。

しき

答(こた)え（　　　　）

2 2Lの　水が　6本　あります。　8人が　1人　3dLずつ　のむと，のこりは　どれだけですか。

しき

答え（　　　　）

3 池(いけ)の　まわりに　4mおきに　木が　うえて　あります。木は　ぜんぶで　9本　あります。池の　まわりの　長(なが)さは　何mですか。

しき

答え（　　　　）

4 よこの　長さが　たての　長さの　2ばいよりも　2cm　長い　長方形(ちょうほうけい)が　あります。たての　長さは　7cmです。まわりの　長さは　何cmですか。

しき

答え（　　　　　）

かんがえよう！　ー算数と　プログラミングー

①，②に　あてはまる　ものを　下の　[　　]の　中から　えらんで，記(き)ごうで　答えましょう。

「△に　○を　かけて，その　答えから　□を　ひくと　いくつになりますか。」と　いう　もんだいを　つぎのように　考(かんが)えます。

△に　○を　かける　ことは，
[①]と　あらわす　ことが　できる。

↓

[①]から　□を　ひく　ことは，
[②]と　あらわす　ことが　できる。

㋐　△×○−□　　㋑　△×○　　㋒　△×○＋□　　㋓　△＋□

①（　　　　　）　②（　　　　　）

―プログラミングの　考え方を　学ぶ―

30 ロボットを　うごかそう！

学しゅうした　日

月　　日

答えは べっさつ 16 ページ

とりロボットを　うごかします。めいれいは,

1ます　すすむ，　右に　まわる，　左に　まわる

を　くみあわせて　つくります。

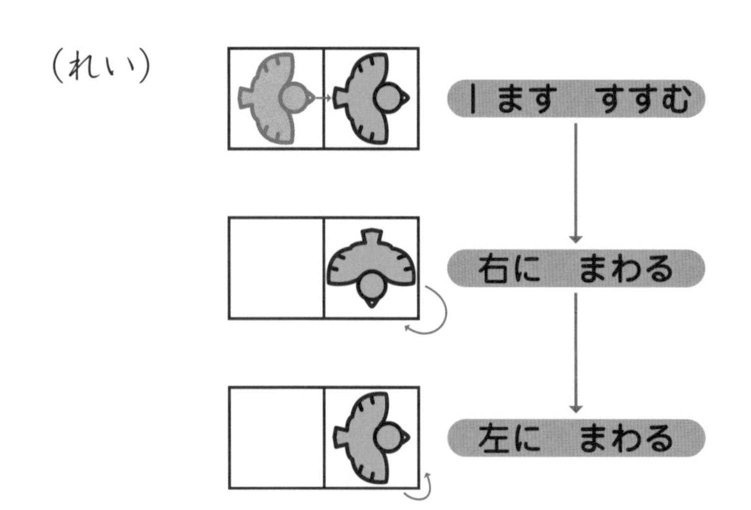

1 つぎのような　めいれいを　すると，とりロボットは　どのように　すすみますか。記(き)ごうで　答(こた)えましょう。

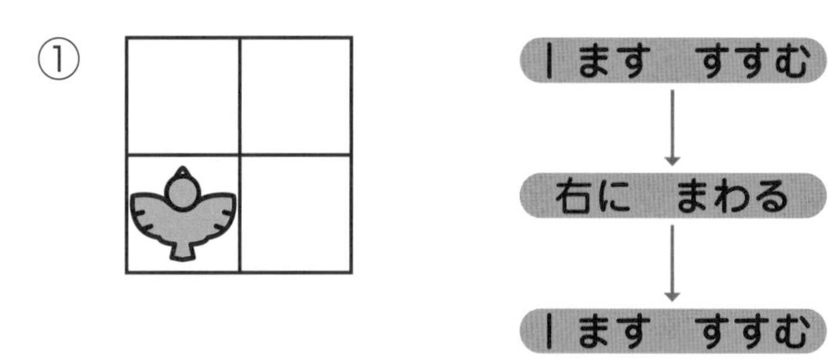

(　　　)

②

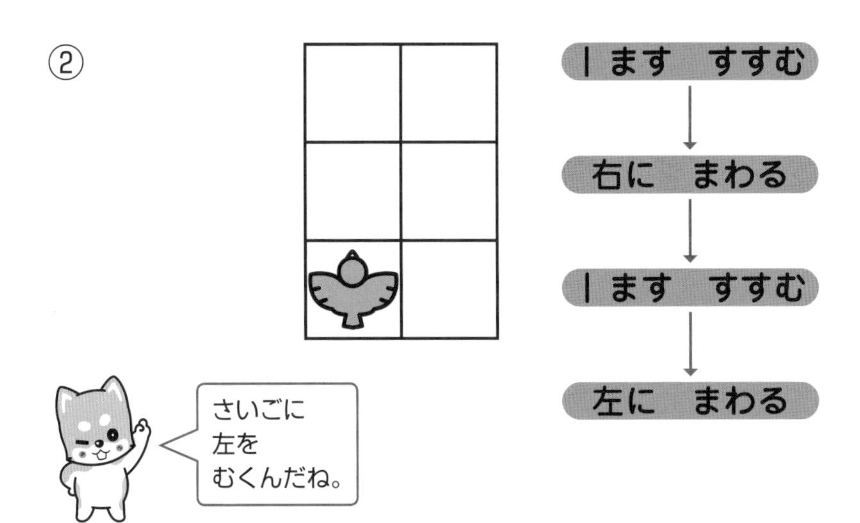

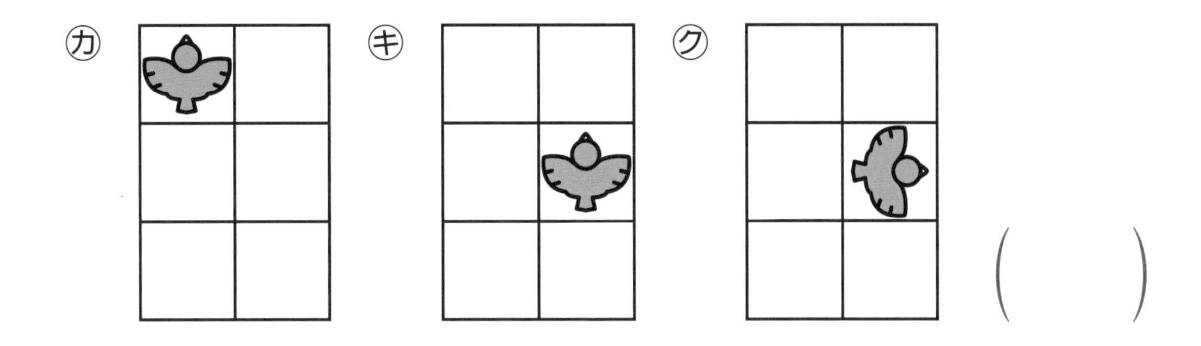

( )

2 とりロボットが　右のように　すすみました。
どのような　めいれいを　しましたか。
つづきを　かきましょう。

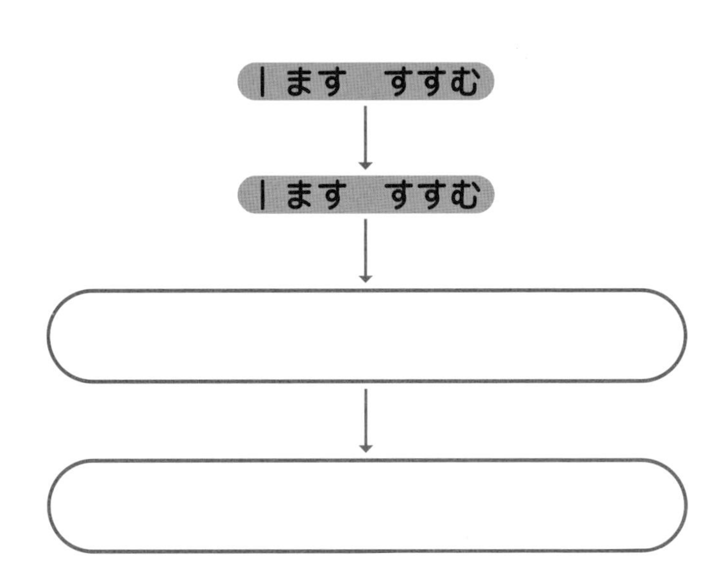

初版
第１刷　2020年５月１日　発行

●編 者
数研出版編集部
●カバー・表紙デザイン
株式会社クラップス

発行者　星野 泰也

ISBN978-4-410-15348-8

チャ太郎ドリル　小2　算数とプログラミング

発行所　数研出版株式会社

〒101-0052 東京都千代田区神田小川町２丁目３番地３
〔振替〕00140-4-118431
〒604-0861 京都市中京区烏丸通竹屋町上る大倉町205番地
〔電話〕代表（075)231-0161
ホームページ　https://www.chart.co.jp
印刷　河北印刷株式会社

解答と解説

算数とプログラミング 2年

1 ひょうと グラフ

解答

1 ① 右のグラフの通り。

② トマト

③ なす

④ キャベツが 1人 多い。

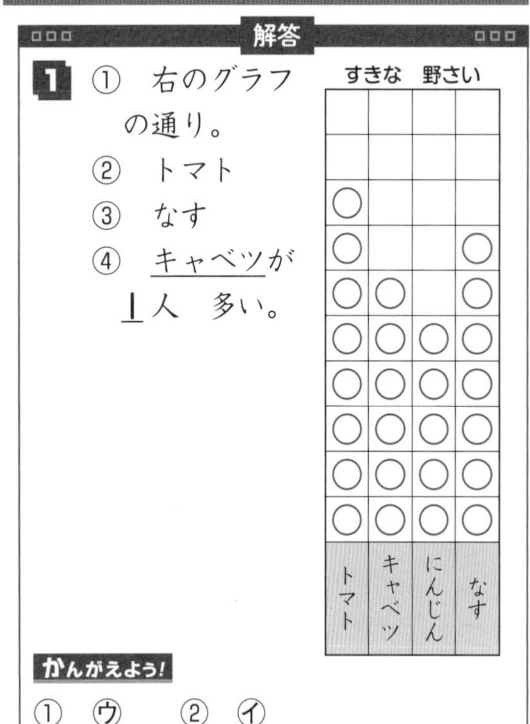

かんがえよう!

① ㋒　② ㋑

解説

1 ①表の数にあわせて，グラフに○をかきます。○は，下からかきます。

②○の数がいちばん多い野菜をさがします。

③○の数が2ばんめに多い野菜をさがします。

④キャベツとにんじんの○の数をくらべます。

ポイント

表…数がわかりやすい。
グラフ…数の多い少ないをくらべやすい。

かんがえよう!

みかんが4つ，りんごは5つなので，①は4，②は5です。

2 時こくと 時間

解答

1 ① 午前6時20分

② 午後3時40分

③ 午後9時25分

2 ① 12　② 24

③ 80

④ (順に) 1，50

3 ① 午後2時45分

② 9時間

③ 7時間55分

かんがえよう!

① ㋐　② ㋓

解説

1 ①朝なので午前です。

②学校のあとなので午後です。

③夜なので午後です。

2

ポイント

1日は24時間，午前は12時間，午後は12時間であることを覚えておきましょう。

③ 1時間=60分です。1時間20分は1時間と20分なので，60分と20分で80分です。

④ 110分=60分+50分であることから考えます。

3 ① 3時間45分を，1時間と2時間45分に分けて考えます。

②午前8時から午前12時(正午)までが4時間，午前12時から午後5時までが5時間です。

かんがえよう!

10時45分から15分後は11時，その10分後は，11時10分です。

3 たし算の　ひっ算(1)

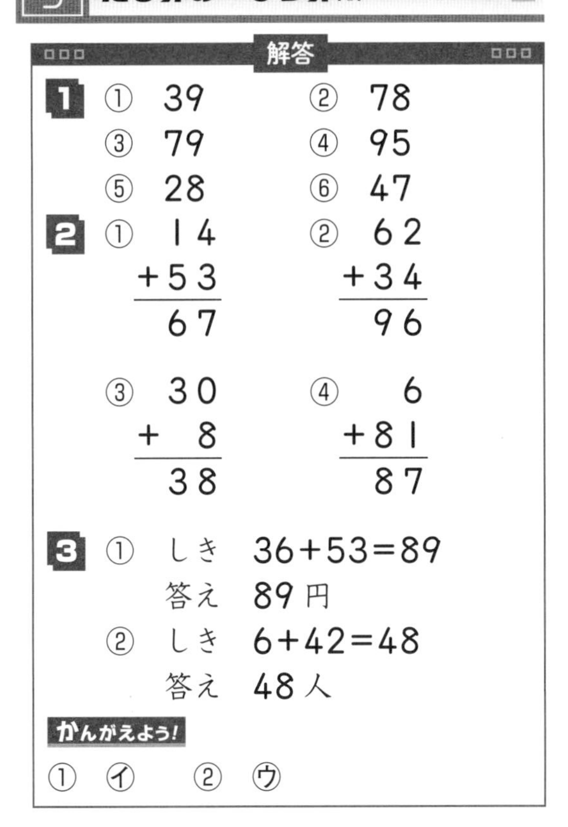

解答

1
① 39　② 78
③ 79　④ 95
⑤ 28　⑥ 47

2
① $\begin{array}{r} 14 \\ +53 \\ \hline 67 \end{array}$　② $\begin{array}{r} 62 \\ +34 \\ \hline 96 \end{array}$

③ $\begin{array}{r} 30 \\ +\ \ 8 \\ \hline 38 \end{array}$　④ $\begin{array}{r} 6 \\ +81 \\ \hline 87 \end{array}$

3
① しき　36+53=89
答え　89円
② しき　6+42=48
答え　48人

かんがえよう!
①　㋑　②　㋒

解説

1 一の位をたし，次に十の位をたします。

2 位をたてにそろえて書いて，一の位から順に計算します。

3 たし算の式に表してから，筆算で計算します。答えに単位をつけるのを，忘れないようにしましょう。

①36円と53円の合計なので，式は36+53となります。

かんがえよう!

一の位の計算は□+☆，十の位の計算は○+△となります。①は十の位なので答えは㋑，②は一の位なので答えは㋒です。

4 ひき算の　ひっ算(1)

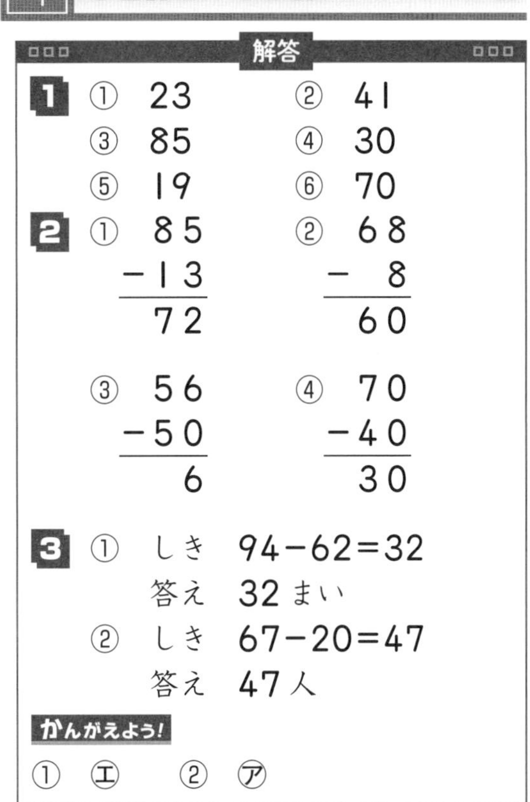

解答

1
① 23　② 41
③ 85　④ 30
⑤ 19　⑥ 70

2
① $\begin{array}{r} 85 \\ -13 \\ \hline 72 \end{array}$　② $\begin{array}{r} 68 \\ -\ \ 8 \\ \hline 60 \end{array}$

③ $\begin{array}{r} 56 \\ -50 \\ \hline 6 \end{array}$　④ $\begin{array}{r} 70 \\ -40 \\ \hline 30 \end{array}$

3
① しき　94−62=32
答え　32まい
② しき　67−20=47
答え　47人

かんがえよう!
①　㋓　②　㋐

解説

1 一の位のひき算をして，次に十の位のひき算をします。

2 位をたてにそろえて書いて，一の位から順に計算します。

3 ひき算の式に表してから，筆算で計算して答えを求めます。答えの単位を忘れないようにしましょう。

①94まいから62まい使った残りの数を求めるので，式は94−62となります。

②全体の人数67人からおとなの人数をひいて，子どもの人数を求めます。

かんがえよう!

一の位の計算は□−☆，十の位の計算は○−△となります。①は十の位，②は一の位であることに注意します。

5 おはじきを　うごかそう！

解答

1 8

2 10

3 ① 2　② 3　③ 5

解説

1 スタートから3ます進むと，おはじきは，3のますに動きます。そこから，5ます進むと，8のますに動きます。おはじきは，3+5=8
動くことになります。

2 おはじきの動きは，たし算で求められます。2+1+4+3=10
おはじきは，10のますに動きます。

3 ①8ますと□ます進むと10のますに動くので，8にどんな数をたすと10になるかを考えます。
□に入る数は，10−8=2です。

ポイント
全部たして，10にすると考えます。

②6ます進んで，そのあと，1ます進んでいるので，ここまでで，6+1=7（ます）進んでいることがわかります。①と同様に，7にどんな数をたすと10になるかを考えます。

③3ます進み，□ます進み，2ます進んで，10のますに動いたということは，3ます進み，2ます進み，□ます進んで，10のますに動いたとも考えられます。あとは，②と同様に考えます。

6 たし算の　ひっ算(2)

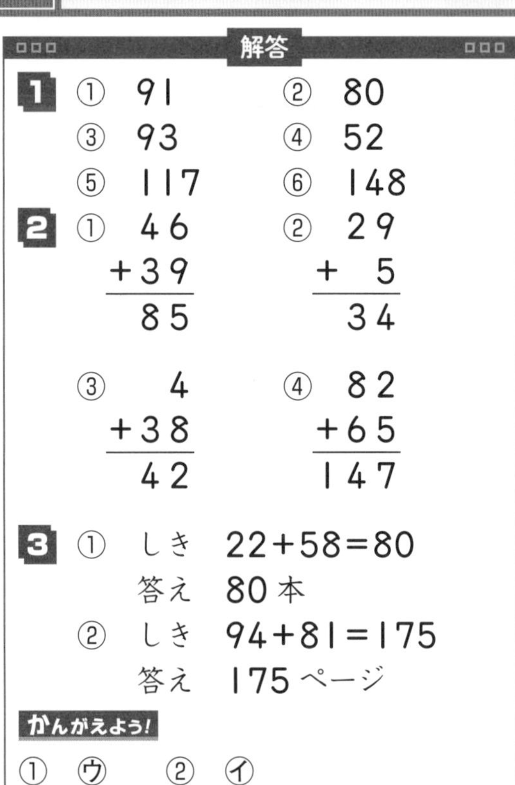

解答

1 ① 91　② 80
③ 93　④ 52
⑤ 117　⑥ 148

2
```
①   46    ②   29
  +39       +  5
  ---       ----
   85         34

③    4    ④   82
  +38       +65
  ---       ----
   42        147
```

3 ① しき　22+58=80
答え　80本
② しき　94+81=175
答え　175ページ

かんがえよう！
① ㋒　② ㋑

解説

1 くり上がりのあるたし算の筆算です。くり上げた数をたすのを忘れないようにしましょう。

2 位をたてにそろえて書いて，一の位から順に計算します。くり上がりに気をつけましょう。

3 たし算の式に表してから，筆算で計算して答えを求めます。答えの単位を忘れないようにしましょう。
②全部のページ数は，読んだページ数と残りのページ数をたして求めます。

かんがえよう！
一の位の計算は 9+6で15，十の位に1くり上がります。十の位の計算は 1+○+△ となります。○+△でないことに注意しましょう。

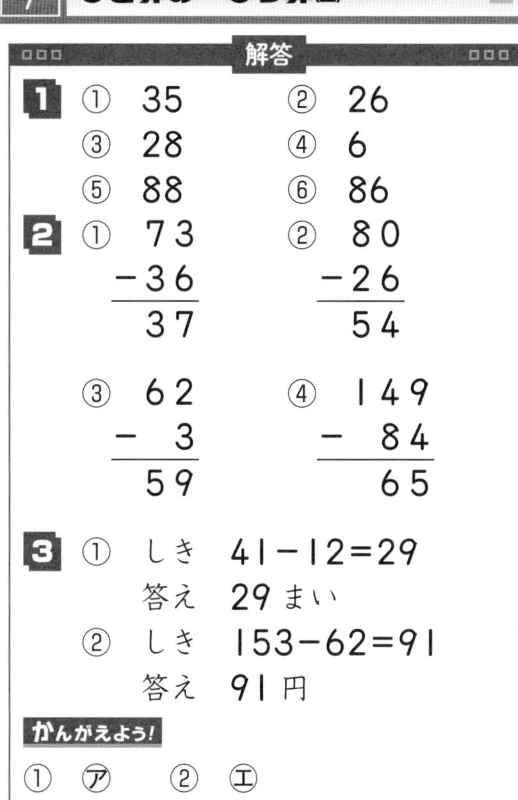

7 ひき算の　ひっ算(2)

解答

1 ① 35　② 26
③ 28　④ 6
⑤ 88　⑥ 86

2
① $\begin{array}{r} 73 \\ -36 \\ \hline 37 \end{array}$　② $\begin{array}{r} 80 \\ -26 \\ \hline 54 \end{array}$

③ $\begin{array}{r} 62 \\ -\ \ 3 \\ \hline 59 \end{array}$　④ $\begin{array}{r} 149 \\ -\ \ 84 \\ \hline 65 \end{array}$

3 ① しき　41−12=29
答え　29まい
② しき　153−62=91
答え　91円

かんがえよう!
① ㋐　② ㋓

解説

1

ポイント
くり下がりのあるひき算の筆算です。くり下げたことを忘れないように，しるしをつけて書いておくと，計算まちがいを防ぐことができます。

2 位をたてにそろえて書いて，一の位から順に計算します。くり下がりを忘れないように注意しましょう。

3 ひき算の式に表してから，筆算で計算して答えを求めます。

かんがえよう!

一の位の計算は，1から3はひけないので，十の位から1くり下げて11−3です。十の位の計算は ○−1−△ となります。

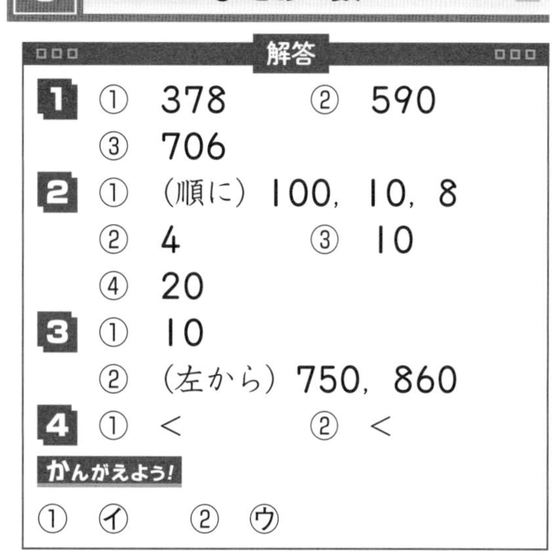

8 1000までの　数

解答

1 ① 378　② 590
③ 706

2 ① （順に）100，10，8
② 4　③ 10
④ 20

3 ① 10
② （左から）750，860

4 ① <　② <

かんがえよう!
① ㋑　② ㋒

解説

1 ①100が3こで300，10が7こで70，1が8こで8，あわせて378です。

2 ①638は，600と30と8をあわせた数です。
③④わかりにくいときは，数直線を使って考えるとよいでしょう。

3 ①700と800の間が10に分かれているので，いちばん小さい1めもりは10です。

4 ①いちばん大きい百の位の数字をくらべて，同じときは，次に大きい十の位の数字をくらべます。

ポイント
数の大小は，>，<の記号を使って表します。㊅>㊉小

かんがえよう!

□が3，○が4，△が5であれば，345となります。このことから，百の位が□，十の位が○，一の位が△である数となります。②は，十の位は空位となるので，十の位は0となります。

9 たし算の　ひっ算(3)

解答

1
① 152　② 132
③ 140　④ 101
⑤ 102　⑥ 385

2
①
```
  64
+ 79
----
 143
```
②
```
  96
+  7
----
 103
```
③
```
  412
+  49
-----
  461
```
④
```
    8
+ 672
-----
  680
```

3
① しき　93+67=160
答え　160円
② しき　125+69=194
答え　194まい

かんがえよう!
①　㋐　②　㋒

解説

1 一の位から順に計算しましょう。

2
ポイント
けた数が増えても，位をたてにそろえて書いて，一の位から順に計算します。くり上がりが2回ある計算に注意しましょう。

3 たし算の式に表してから，筆算で計算して答えを求めます。

かんがえよう!

一の位の計算は4+8で12，十の位に1くり上がります。十の位の計算は1+9で10，百の位に1くり上がります。百の位の計算は1+△となります。①は1+△，②は0となります。くり上がりに注意します。

10 ひき算の　ひっ算(3)

解答

1
① 58　② 28
③ 94　④ 625
⑤ 855　⑥ 506

2
①
```
  107
-  39
-----
   68
```
②
```
  106
-   8
-----
   98
```
③
```
  467
-  38
-----
  429
```
④
```
  953
-   4
-----
  949
```

3
① しき　100−26=74
答え　74円
② しき　211−5=206
答え　206人

かんがえよう!
①　㋑　②　㋓

解説

1 一の位から順に計算します。十の位からくり下げられないときは，もう一つ上の百の位から十の位に1くり下げてから，次に十の位から一の位に1くり下げます。

2
ポイント
位をたてにそろえて書いて，一の位から順に計算します。百の位から順に2回くり下げる計算に注意しましょう。

3 ひき算の式に表してから，筆算で計算して答えを求めます。

かんがえよう!

一の位の計算も，十の位の計算もくり下がりに注意します。

11 はたは どこに うごく?

解答

1 ① 14 ② 19

2 6

解説

1 ①1ます進むことを4回くり返すので，1+1+1+1=4 より，青い旗は，4ます進みます。
次に，2ます進むことを5回くり返すので，
2+2+2+2+2=10 より，青い旗は，10ます進みます。
4+10 で，14のますまで動くことになります。

②2ます進むことを4回くり返すので，2+2+2+2=8
次に，3ます進むことを2回くり返すので，3+3=6
続いて，1ます進むことを5回くり返すので，
1+1+1+1+1=5
8+6+5 で，19のますまで動くことになります。

2 4ます進むことを2回，3ます進むことを3回，2ます進むことを2回くり返すことから，8+9+4=21(ます)動きます。白い旗ははじめに5のますにあったことに注意して，5+21で，26のますに動いたことになります。0のますを，20のますと考えて，26−20 で，答えは6のますです。

ポイント

19のますの次のますは，0のますであることに注意しましょう。

12 長さ(1)

解答

1 ① 5cm ② 8cm

2 ① 70 ② 84

3 ① 31mm に○
② 10cm に○

4 ① 3cm (30mm)
② 4cm6mm (46mm)

5 ① しき
8cm9mm+10cm6mm
=19cm5mm
答え 19cm5mm
(195mm)

② しき
10cm6mm−8cm9mm
=1cm7mm
答え 1cm7mm(17mm)

かんがえよう!

① ㊓ ② ㋒

解説

2 1cm=10mm から考えます。

3 単位をそろえてくらべます。
② 10cm=100mm

4 同じ単位の数どうしを計算します。
① 2cm3mm+7mm
=2cm10mm=3cm(30mm)
② 5cm−4mm=4cm10mm
−4mm=4cm6mm(46mm)

5 ①あわせた長さを求めるので，たし算をします。
②長さのちがいを求めるので，ひき算をします。

かんがえよう!

8mm+9mmは，17mmなので，1cm7mmです。①は△+1となります。

13 水の　かさ

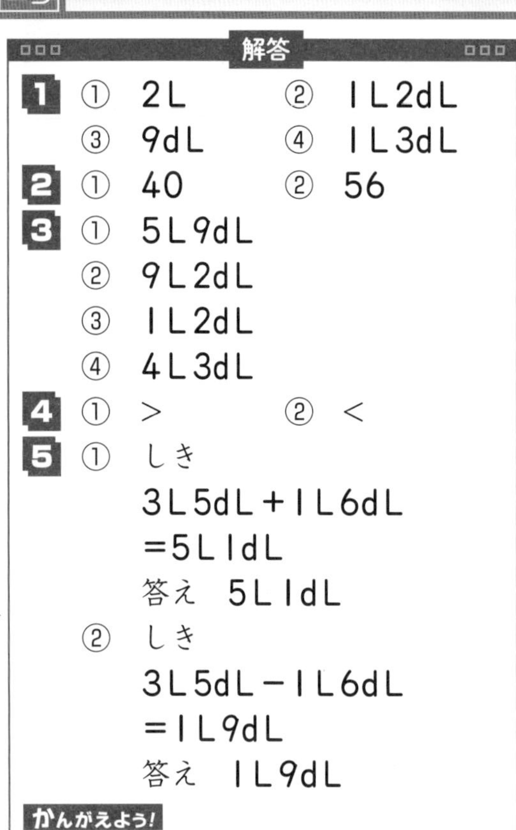

解答

1 ① 2L　② 1L2dL
③ 9dL　④ 1L3dL

2 ① 40　② 56

3 ① 5L9dL
② 9L2dL
③ 1L2dL
④ 4L3dL

4 ① >　② <

5 ① しき
3L5dL+1L6dL
=5L1dL
答え　5L1dL
② しき
3L5dL−1L6dL
=1L9dL
答え　1L9dL

かんがえよう!

①　㋐　②　㋑

解説

1 ④ 1L ますの 1 目もりは 1dL です。

2 ポイント
1L=10dL です。
1L=1000mL, 1dL=100mL
の関係も覚えましょう。

3 同じ単位の数どうしを計算します。

4 単位をそろえてくらべます。
①2L=20dL　②1L=1000mL

かんがえよう!

まちがっている理由を考えることは，難しいですが，ここでは，1L=10dL であることから考えます。

14 大きい　数の　計算

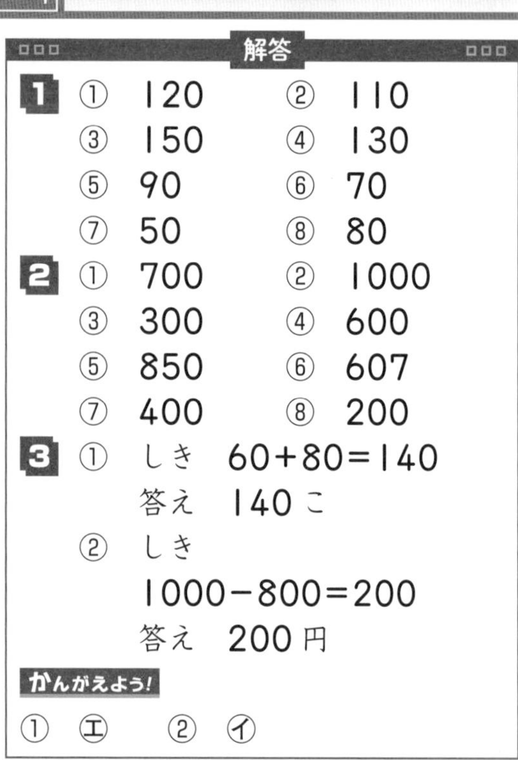

解答

1 ① 120　② 110
③ 150　④ 130
⑤ 90　⑥ 70
⑦ 50　⑧ 80

2 ① 700　② 1000
③ 300　④ 600
⑤ 850　⑥ 607
⑦ 400　⑧ 200

3 ① しき　60+80=140
答え　140 こ
② しき
1000−800=200
答え　200 円

かんがえよう!

①　㋓　②　㋑

解説

1 10 のまとまりで考えます。
① 10 のまとまりが 5+7=12 で，答えは 120 です。
⑤ 10 のまとまりが 11−2=9 で，答えは 90 です。

2 100 のまとまりで考えます。
① 100 のまとまりが 2+5=7 で，答えは 700 です。
③ 100 のまとまりが 9−6=3 で，答えは 300 です。

3 ①全部の数を求めるのでたし算です。
②おつり=残りなので，ひき算の式になります。

かんがえよう!

答えが300になるのは，㋓の1000−700。答えが600になるのは，㋑の400+200です。

15 ３つの　数の　計算

解答

1　① 20　② 70
③ 27　④ 34
⑤ 28　⑥ 47

2　① 28　② 39
③ 46　④ 67
⑤ 82　⑥ 89

3　しき　16 + 8 + 2 = 26
答え　26 わ

かんがえよう!
①　㋐　②　㋒

解説

1　（　）はひとまとまりの数を表しており，先に計算します。このようにたす順序を変えることで，計算が簡単になることがあります。

2　①18+7+3→18+(7+3)
先に7+3 を計算することで，計算が簡単になります。
② 29+4+6→29+(4+6)
③ 5+36+5→5+5+36
④ 8+57+2→8+2+57
⑤ 19+62+1→19+1+62
⑥ 33+49+7→33+7+49

3　3 つの数のたし算です。

ポイント
飛んで来たすずめをまとめて，先に計算すると，計算が簡単になります。
16+8+2→16+(8+2)

かんがえよう!

①は，10+4+6を計算して，20です。②は，8+15+2を計算して，25です。

16 どんな　計算に　なるかな？

解答

1　① 20　② 12　③ 9

2　① 51　② 28　③ 114
④ 1　⑤ 77

解説

ポイント
記号に数をあてはめて計算します。どの記号にどの数をあてはめるかを間違えないようにしましょう。計算間違いにも気をつけましょう。

1　①○＋△の○に6，△に14をあてはめると，6+14となるので，これを計算して，答えは20です。
②☆－□の☆に17，□に5をあてはめると，17－5=12
③○＋☆－△の○に6，☆に17，△に14をあてはめると，
6+17－14
前から順に計算します。
6+17－14=23－14=9

2　①○＋☆の○に13，☆に38をあてはめると，13+38=51
②△－□の△に52，□に24をあてはめると，52－24=28
③□＋☆＋△の□に24，☆に38，△に52をあてはめると，
24+38+52=114
④☆－○－□の☆に38，○に13，□に24をあてはめると，
38－13－24=1
⑤△－○＋☆の△に52，○に13，☆に38をあてはめると，
52－13+38=77

17 かけ算の　しき

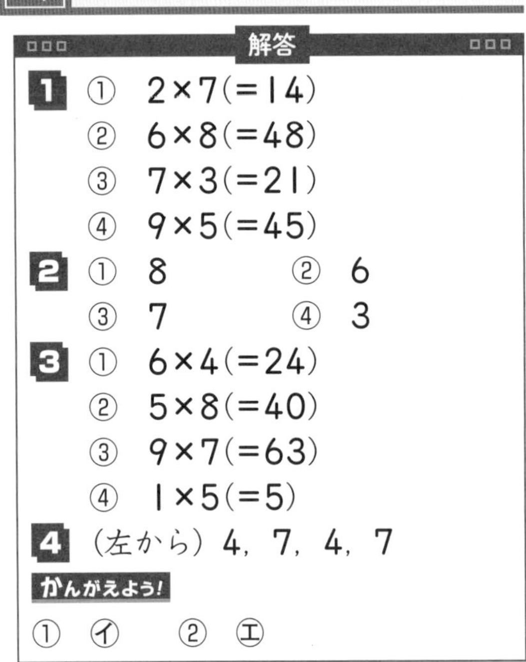

解答

1 ① 2×7(=14)
② 6×8(=48)
③ 7×3(=21)
④ 9×5(=45)

2 ① 8　② 6
③ 7　④ 3

3 ① 6×4(=24)
② 5×8(=40)
③ 9×7(=63)
④ 1×5(=5)

4 (左から) 4，7，4，7

かんがえよう!

① ㋑　② ㋓

解説

1

●ポイント●
同じ数のものがいくつかあるとき，全部の数はかけ算で求められます。
1つ分の数×いくつ分
＝全部の数

2 ① 8×3は，8の3つ分なので，8+8+8で求められます。
② 5の6つ分なので，5×6です。
③ 4の7つ分なので，4×7です。

3 ① 4つ分のことを4ばいといい，4ばいを求める式は，4つ分を求める式と同じ●×4です。

4 おはじきの数は4この7つ分なので，かけ算で求められます。7つ分のことを，7ばいといいます。

かんがえよう!

①の△×3は，△+△+△をかけ算で表した式です。

18 かけ算(1)

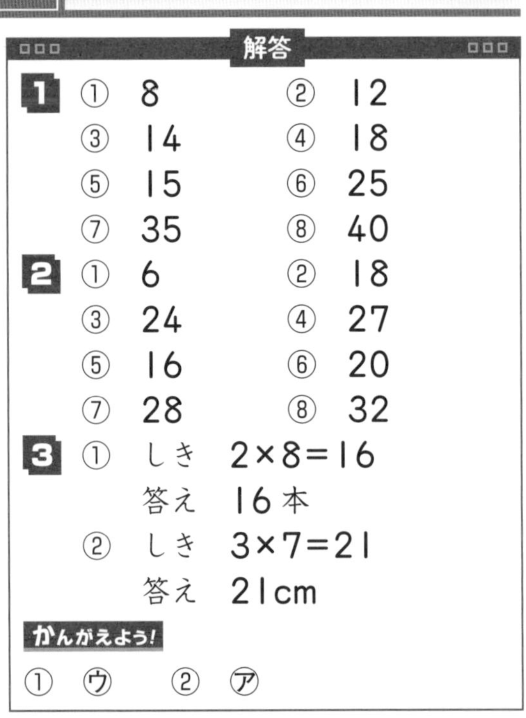

解答

1 ① 8　② 12
③ 14　④ 18
⑤ 15　⑥ 25
⑦ 35　⑧ 40

2 ① 6　② 18
③ 24　④ 27
⑤ 16　⑥ 20
⑦ 28　⑧ 32

3 ① しき　2×8=16
答え　16本
② しき　3×7=21
答え　21cm

かんがえよう!

① ㋒　② ㋐

解説

1 2のだん，5のだんの九九の練習です。何度もくり返し口に出してしっかり覚えましょう。

2 3のだん，4のだんの九九の練習です。始めから唱えなくても答えがすぐ出てくるようになるまで，くり返し練習して覚えましょう。4×7，4×9，3×7，3×9は特にまちがえやすいので，覚えられるまで練習しましょう。

3 ① 2本の8人分で，式は2×8になります。
② 3cmの7ばいで，式は3×7になります。

かんがえよう!

2×4=8，3×7=21，2×8=16，3×3=9なので，答えが10より小さいのは2×4と3×3，答えが15より大きいのは3×7と2×8です。

19 かけ算(2)

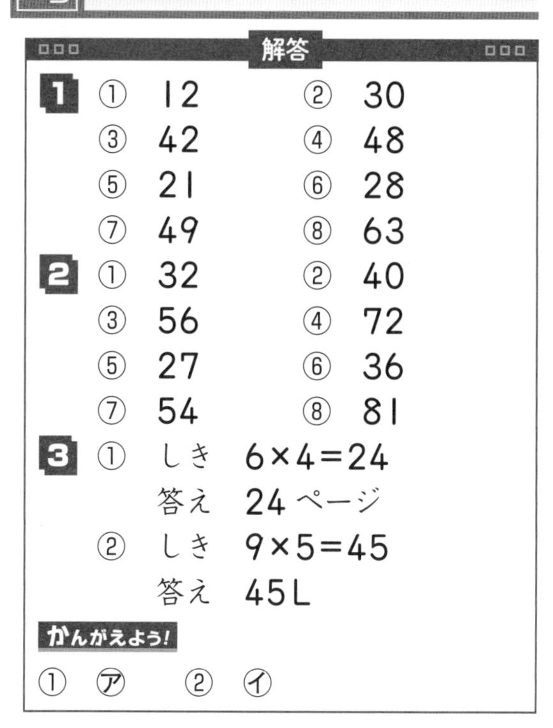

解答

1 ① 12　② 30
③ 42　④ 48
⑤ 21　⑥ 28
⑦ 49　⑧ 63

2 ① 32　② 40
③ 56　④ 72
⑤ 27　⑥ 36
⑦ 54　⑧ 81

3 ① しき　6×4=24
答え　24ページ
② しき　9×5=45
答え　45L

かんがえよう!
① ㋐　② ㋑

解説

1 6のだん，7のだんの九九の練習です。6×3，6×7，6×9や7×3，7×6，7×9などは特にまちがえやすいので，くり返し練習して覚えるようにしましょう。

2 8のだん，9のだんの九九の練習です。8のだんでは8×3，8×7，8×9などが特にまちがえやすいです。9のだんはほかのだんにくらべてまちがえやすいので，何度も口に出して練習して身につけましょう。

3 ①6ページの4日分で，式は6×4になります。
②9Lの5ばいで，式は9×5になります。

かんがえよう!

7×6=42, 9×3=27, 7×4=28, 9×5=45であることから考えます。

20 かけ算の　ひょうと　きまり

解答

1 ① ア　15　イ　42
ウ　72
② (順に)
2，7，5，8，3，30

2 ① 20　② 22
③ 24　④ 33

3 ① 3×5，5×3 (順不同)
② 3×8，4×6，6×4
8×3 (順不同)

かんがえよう!
① ㋒　② ㋓

解説

1 ①アに入る数は，5×3の答えです。
イに入る数は，7×6の答えです。
ウに入る数は，9×8の答えです。

② 2 × 6 =6×2
(2：かけられる数　6：かける数)

かけられる数とかける数を入れかえて計算しても，答えは同じです。

> **ポイント**
> かける数が1ふえると，答えはかけられる数だけふえます。
> 8×4=8×3+8

2 ①2×10=2×9+2であることから求めます。
②2×11=2×10+2
③2×12=2×11+2
④3×11=3×9+3+3

3 九九の表を見て考えましょう。

かんがえよう!

8×2=16, 6×5=30, 4×4=16, 4×8=32であることから考えます。

21 10000までの 数

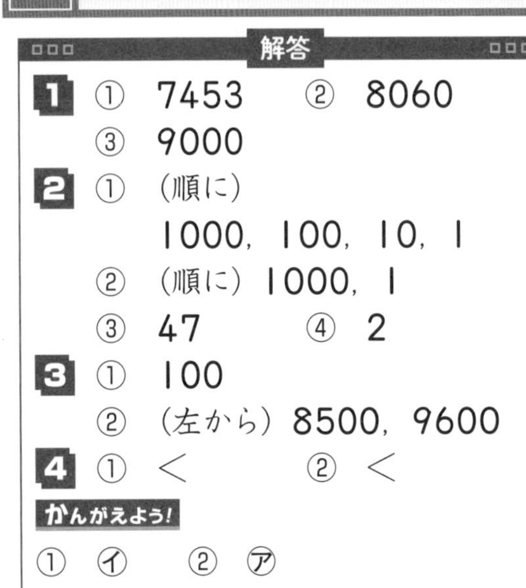

解答

1 ① 7453　② 8060
③ 9000

2 ① (順に)
1000，100，10，1
② (順に) 1000，1
③ 47　④ 2

3 ① 100
② (左から) 8500，9600

4 ① ＜　② ＜

かんがえよう!

① ㋑　② ㋐

解説

1 ① 1000 が 7 こで 7000，100 が 4 こで 400，10 が 5 こで 50，1 が 3 こで 3，あわせて 7453 です。

② 1000 が 8 こで 8000，10 が 6 こで 60，あわせて 8060 です。

2 ① 6829 は，6000 と 800 と 20 と 9 をあわせた数です。

② 3005 は，3000 と 5 をあわせた数です。

3 ① 8000 と 9000 の間が 10 に分かれているので，いちばん小さい 1 めもりは 100 です。

4 ①いちばん大きい千の位の数字をくらべて，同じときは，次に大きい百の位の数字をくらべます。

かんがえよう!

まず，けた数に注目します。
10001 はどちらにも該当しません。

22 4けたの 数を つくろう！

解答

1 9710

2 ① 5689　② 5702

3 ②で できた 数

解説

ポイント
1つずつ順番にますに数を入れていきます。

1 左から3番目に1→ | | |1| |
右から3番目に7→ | |7|1| |
右から1番目に0→ | |7|1|0|
左から1番目に9→ |9|7|1|0|
できる数は，9710です。

2 ①右から3番目に 4+2=6 を入れる。
左から3番目に 17−9=8 を入れる。
右から4番目に 13−8=5 を入れる。
左から4番目に 3×3=9 を入れる。
できる数は，5689です。

②左から2番目に 3+6−2=7 を入れる。
右から4番目に 9−3−1=5 を入れる。
右から2番目に
14−4−10=0 を入れる。
左から4番目に 72−70=2 を入れる。
できる数は，5702です。

3 千の位の数が同じなので，百の位の数を比べます。

23 長さ(2)

解答

1 ① 1m40cm（140cm）
② 2m10cm（210cm）

2 ① 6　② 700
③（順に）9，25
④ 503

3 ① 4m4cm に○
② 2m に○

4 ① 4m（400cm）
② 4m30cm（430cm）

5 ① しき
2m80cm＋3m60cm
＝6m40cm（640cm）
答え　6m40cm（640cm）
② しき
3m60cm－2m80cm
＝80cm
答え　80cm

かんがえよう!
① ㊓　② ㋒

解説

2 1m＝100cm から考えます。

3 ① 4m4cm＝404cm
② 2m＝200cm

4 同じ単位の数どうしを計算します。
① 3m50cm＋50cm
＝3m100cm＝4m
② 6m－1m70cm
＝5m100cm－1m70cm
＝4m30cm

5 ②長い方から短い方をひきます。

かんがえよう!

570cm＝5m70cm，380cm＝3m80cm と換算してから考えます。4m30cm はどちらにも該当しません。

24 三角形と　四角形(1)

解答

1 ① ㋐，㋖
② ㋑，㋓，㋗

2（上から）ちょう点，へん

3 ① 3　② 4

4 ① 4こ　② 8こ

かんがえよう!
① ㋐　② ㊓

解説

1 ① 3本の直線で囲まれた形をさがします。㋒は，3本の直線ですが，囲まれていないので，三角形とはいえません。
② 4本の直線で囲まれた形をさがします。㋔は，5本の直線で囲まれているので，四角形ではありません。

2 三角形や四角形の頂点，辺などの部分の名前を覚えましょう。

4 ②小さい三角形が4こ，大きい三角形が4こ，あわせて8こあります。

かんがえよう!

3本の直線で囲まれた形が三角形，4本の直線で囲まれた形が四角形であることから考えます。

円は，3年生で習いますが，直線で囲まれた形ではないことから，三角形にも四角形にも該当しないと考えます。

25 三角形と 四角形(2)

解答

1 ① あ，け
② お，く
③ え，か

2 ① 正方形
② 直角三角形

3 ① 長方形
② あ 6cm い 3cm
③ 18cm

かんがえよう！
① ウ ② イ

解説

1 ①長方形は，4つの角がすべて直角になっている四角形です。
②正方形は，4つの角がすべて直角で，4つの辺の長さがすべて同じになっている四角形です。
③直角三角形は，直角の角がある三角形です。
それぞれ，方眼を見て見つけます。

3 ①三角定規をあてて角の大きさを調べます。4つの角がすべて直角になっているので長方形です。
②長方形の向かい合っている辺の長さは同じです。
③ 3+6+3+6=18 で，18cm です。

かんがえよう！

4つの角がすべて直角になっている四角形は，長方形か正方形です。さらに，4つの辺の長さがすべて同じになっていれば正方形です。

26 形を 分けよう！

解答

1 ① ア，オ
② イ，エ，カ，ケ
③ ウ，キ，ク，コ

2 ① シ，ソ，チ
② ス，セ，タ，ト
③ サ，ツ，テ

解説

1 ①

ポイント
直線でかこまれていない形を選びます。

アは直線ではありません。オは直線の部分がありますが，直線でない部分もあります。
②3本の直線でかこまれている形，つまり，三角形を選ぶことになります。

2 ①直角でない角を1つでも持っていれば，①に分けます。
②4つの角がみんな直角で，4つの辺がみんな同じ長さの四角形，つまり，正方形を選ぶことになります。
③4つの角がみんな直角で，4つの辺がみんな同じ長さではない四角形が長方形です。長方形は，向かいあう辺の長さが同じになっています。

27 はこの 形

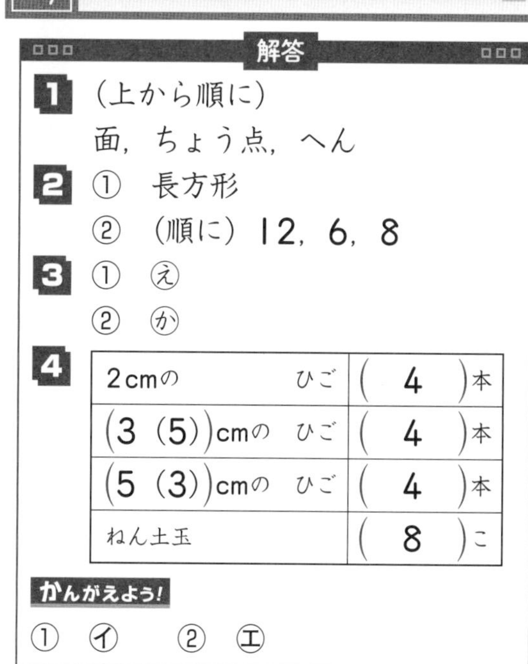

解答

1 (上から順に)
面，ちょう点，へん

2 ① 長方形
② (順に) 12，6，8

3 ① ㋓
② ㋕

4

2cmの ひご	(4)本
(3 (5))cmの ひご	(4)本
(5 (3))cmの ひご	(4)本
ねん土玉	(8)こ

かんがえよう!

① ㋑ ② ㋓

解説

1 はこの形やさいころの形の面，頂点，辺といった部分の名前を覚えましょう。ここでは，まだ直方体，立方体などの用語は学習しません。

3 はこの形を切り開いたものです。はこの形では，向かい合う面の形は同じです。わかりにくいときは，工作用紙などで実際に組み立ててみるとよいでしょう。

4 ねん土玉がはこの形の頂点，ひごが辺になります。はこの形には頂点が全部で8つ，辺が12あります。同じ長さの辺は4つずつで3組あります。

かんがえよう!

2年生では，直方体，立方体という用語は使わず，はこの形，さいころの形と言います。直方体，立方体という用語は4年生で，円柱という用語は5年生で学習します。

28 分数

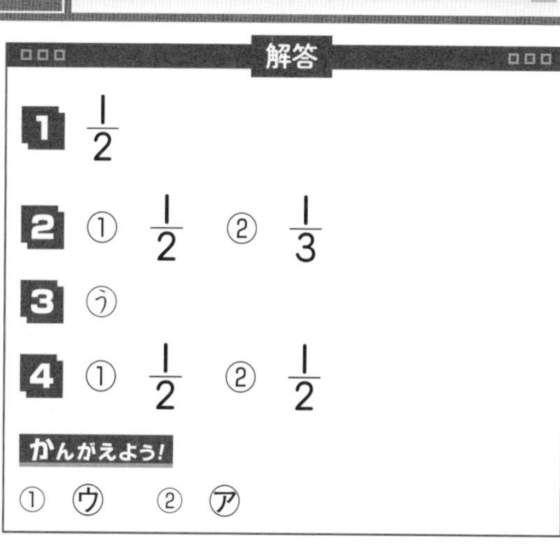

解答

1 $\frac{1}{2}$

2 ① $\frac{1}{2}$ ② $\frac{1}{3}$

3 ㋒

4 ① $\frac{1}{2}$ ② $\frac{1}{2}$

かんがえよう!

① ㋒ ② ㋐

解説

1 $\frac{1}{2}$や$\frac{1}{4}$のような数を分数といいます。

2 ①正方形を2つに分けた1つ分なので，$\frac{1}{2}$です。
②丸い形を3つに分けた1つ分なので，$\frac{1}{3}$です。

3 ㋑は㋐の$\frac{1}{2}$，㋓は㋐の$\frac{1}{8}$です。

4 同じ正方形を2つに分けた1つ分と，3つに分けた1つ分と，4つに分けた1つ分です。

かんがえよう!

㋑，㋓は$\frac{1}{8}$を表しています。

2年生では，○等分した1つ分を$\frac{1}{○}$と表すところまで学びます。

29 いろいろな　文しょうもんだい

解答

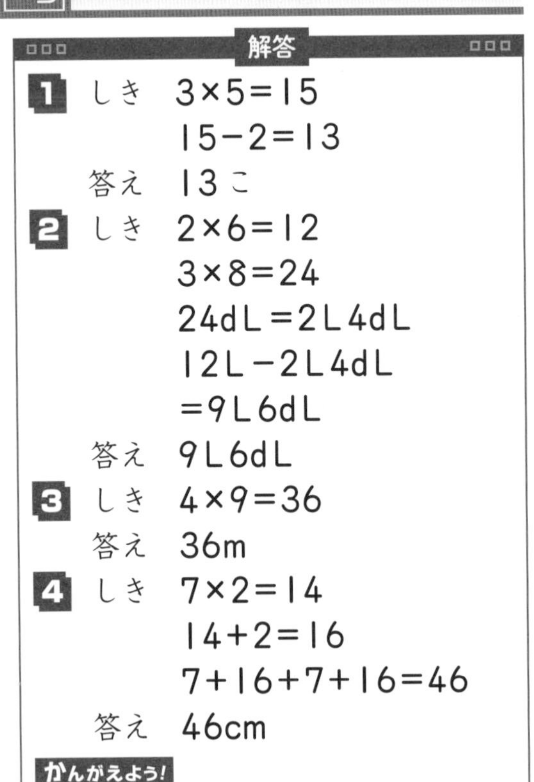

1 しき　3×5=15

15−2=13

答え　13こ

2 しき　2×6=12

3×8=24

24dL=2L4dL

12L−2L4dL

=9L6dL

答え　9L6dL

3 しき　4×9=36

答え　36m

4 しき　7×2=14

14+2=16

7+16+7+16=46

答え　46cm

かんがえよう!

①　㋑　　②　㋐

解説

1 3こで1パックのプリンが5パックあるので，プリンは，3×5=15（こ）あります。2こ食べたので，残りは，15−2=13（こ）です。

2 水は，2×6=12（L）あります。のんだ量は，3×8=24（dL）なので，残りは，

12L−24dL=12L−2L4dL

=11L10dL−2L4dL

=9L6dL

かんがえよう!

1つずつ順序立てて考えていきます。まず，△に○をかけるということで，①は，△×○となります。ここから，□をひくので，△×○−□となります。

30 ロボットを　うごかそう！

解答

1 ①　㋒　　②　㋖

2 （上から）

左に　まわる，1ます　すすむ

解説

「右にまわる」は，右に90度まわることです。「左にまわる」は，左に90度まわることです。2年生では，まだ角度は学習しないので，このような表現にしています。

1 ①

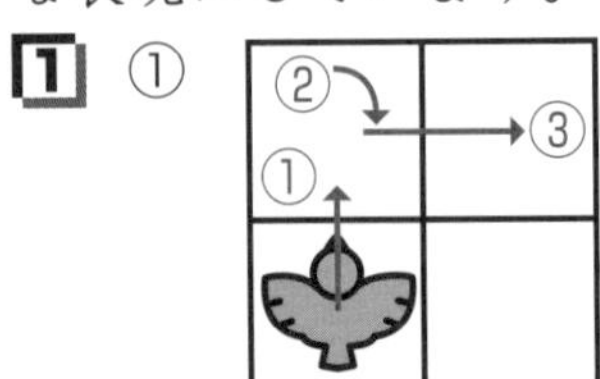

となるので，答えは㋒です。

②

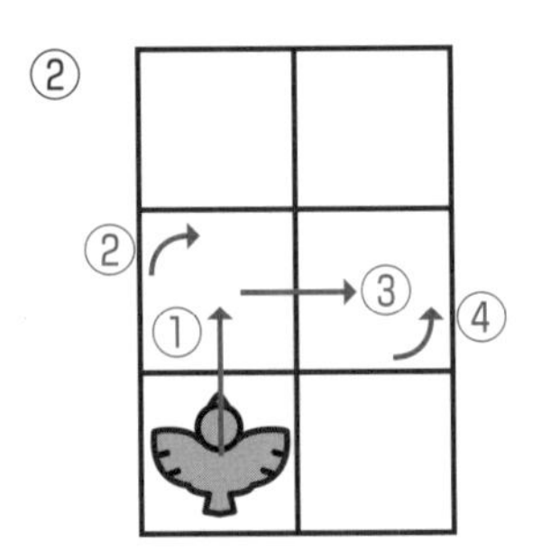

となるので，答えは㋖です。

2

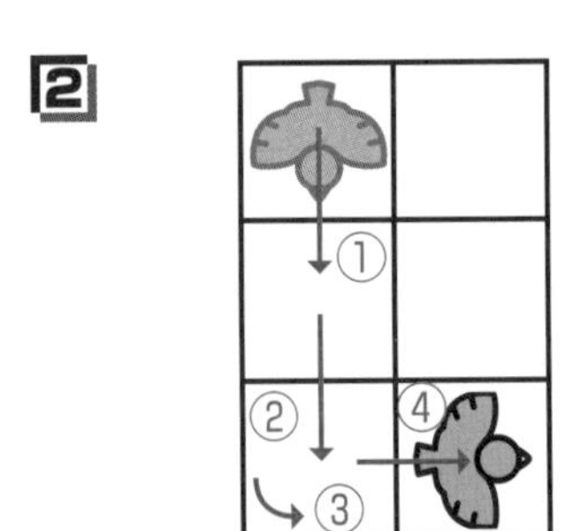

答えるのは，③と④です。

ポイント

まわるときは，右なのか，左なのかに注意しましょう。